JN201894

Alf Coles and Nathalie Sinclair

I Can't Do Maths!

Why children say it
and how to make a difference

数学は
そんなもの
じゃない！

数学ぎらいを生む
5つの思い込みから自由になる

アルフ・コールズ＋ナタリー・シンクレア
永山香織［訳］

晶文社

ブックデザイン
小沼宏之［Gibbon］

DTP
山口良二

数学はそんなものじゃない！
もくじ

凡例

本文に出てくる脚注は2種類ある。★の印は原書からの原注を表し、▶の印は日本語版訳者による訳注を表す。

謝辞

本書の草稿を読み、私たちの議論により説得力をもたせ、より分かりやすいものにするために素晴らしいアドバイスをくださったSandy Bakos氏とAnnette Rouleau氏に感謝いたします。彼らの小学校教員としての長年の経験からのアドバイスは本書にとって貴重な貢献となりました。David Pimm氏には、潜在的なつながりや明確な言い回しに常に注意を払いながら、手厚く本書を読んでいただいたことに感謝いたします。そしてCaroline Ormesher氏には、初めのいくつかの章に非常に重要なコメントをいただき、私たちが進むべき道を切りひらく手助けをしてくれたことに感謝いたします。また、編集者のCathyLear氏には、原稿の全文を丁寧に仕上げていただき、文章の読みやすさを向上させるために文章の流れについて多くの示唆をいただいたことに感謝いたします。

はじめに

「私の教え子は、具体的でないと理解できない。」

数学を教えるときにしばしば言われるこの考えは、誰もが一度は聞いたことがあるのではないでしょうか。もし「数学が抽象的であること」が問題であるならば、解決策は明らかです。「数学をもっと具体的にすればよい」のです。きっとこの意見に賛同する人は多いでしょう。世界中で、新しいアプローチ、新しいカリキュラム、新しい課題、新しい教授方法、新しい教具、新しいテクノロジーなどが提案されていますが、多くの場合、やはり「数学を具体的にする」という方法によって問題を解決しようとしています。

でも、もし「数学が抽象的であること」が問題でないとしたらどうでしょう？　もし、世界中の多くの人々が学校で数学を理解するために苦労している、という事実を説明する別の方法があるとしたら？　数学の授業における慢性的で長期的な失敗は、子どもたちのウェルビーイングや教師のウェルビーイング、さらには地球のウェルビーイングに重大な影響を及ぼしています。けれども本書は、それは「数学が抽象的すぎる」という問題の結果ではないということを前提にしています。「数学が抽象的すぎる」という問題や他の問題は数学教育のシステムの変化を促してきましたが、それらはすべて見直す必要があると私たちは考えています。私たちは25年以上にわたって数学教育に携わってきた経験から、次の5つのドグマ、すなわち「数学に関して一般的に正しいと信じられている思い込み」を導き出しました。

A.数学は積み重ねが大事なつみきのような教科である
B.数学は常に正しいか間違っているかである
C.数学は文化に左右されない
D.数学は才能のある人のもので、みんなのものではない
E.数学は抽象的だから難しい

このような考え方は、皆さんもきっとどこかで目にしたことがあるはずです。ほとんどの人が否定できないように見え、数学の学習について明確に述べているものなので、私たちはこれらをドグマと呼んでいます。

確かにこれらの主張が完全に間違っていれば、これほどまでに浸透していないかもしれません。この本では、これらのドグマは「事実」ではなく、「信念」を表していることを論じます。歴史を通じて、これらの信念がどのように進化してきたのか、なぜ疑問をもつことさえ難しいのかを示します。私たちはこれらのドグマの限界を示すための異なる視点、異なる考え方や方法を提供します。ドグマはこの5つだけであると提唱しているわけではありませんが、主要なものであると考えています。

重要なことは、私たちはけっして、「これらのドグマがすべて完全に間違っていてそれを覆さなければ教育の変革は起こら

ない」というクレームを言いたいわけではありません。少なくとも1世紀以上にわたって、人々は数学の教え方について、対立する意見の間を行き来し、あるシステムを別のシステム(だいたいは反対の立場)に置き換えることを試みてきました。「演習の代わりに問題解決を」、「手続き的知識の代わりに概念的知識を」、「教師中心の授業の代わりに学習者中心の授業を」と、そして、やはり元に戻そうと行ったり来たりしてきたわけです。これらは誤った二元論です。これらのアプローチはすべて、「ある文脈」では効果があり有効なものとなり得ます。

ですから、この5つのドグマを覆すような視点を紹介することはあっても、完全にこれらから背を向けるように説き伏せるつもりはありません。しかし、私たちが提案する別の視点に読者が驚くことを期待しています。本書を読むことによって、数学の指導や学習について読者が独断的な考え方をしている場合があることを認識し、より多くの情報を得た上で選択できるようになってほしいと思っています。最も重要なことは、みなさんや子どもたちが「ある人たちは数学ができない」「数学は世界中で同じように学ばれている」「基本を理解していない生徒には教えられない」などと考えている自分に気づいたならば、今までとは違った対応をすることを期待しているのです。私たちは、皆さんが直面している課題が、当たり前のことではないことを示したいと思っています。

このようなドグマが蔓延している理由のひとつは、私たちが数学だけでなく、他の多くの文脈でも使っている深く根付いた思考方法を利用しているからなのです。たとえば2つ目のドグマ(「数学は常に正しいか間違っているかである」)は、西洋の論理に深く浸透し、私たちが多くの物事について考える方法を形成している二元論的な思考を表しています。

「数学は常に正しいか間違っているかである」というドグマはどちらかに傾く天秤のイメージかもしれません。例えば、私たちは時間は夜と昼の間に流れているものと考えます。この夜と昼という2つのものが、互いに対立するもの、二者択一となり、夜か昼か(どちらか一方のみ)と考えるようになるのです。しかし、少し立ち止まってみると、24時間の間には、夕暮れや夜明けのように夜と昼の中間の時間があることに気づきます。24時間という時間は、太陽からの光がまったくない状態から最大限の光がある状態への連続であると見ることもできます。この例はあまり重要ではないかもしれませんが、二元論的な考え方から脱却することは、数学の授業に大きな効果を与えると私たちは考えています。これは、同じようにドグマDから表れる「数学が得意か不得意か」の二項対立への挑戦にも関連してくるでしょう。

それぞれのドグマには、そのドグマを象徴するイメージとその代案を掲載しています。ドグマについての各章では、ドグマがどのように機能し、どのように拡張されていくのかという私たち自身の思考を助けるようなストーリーから始めます。「ドグマ」についての章に続き、「実践編」では、教室での活動のケーススタディについて解説しています。まず「実践編」の章を読んでから、関連する「ドグマ」の章に戻り、より歴史的な背景を知るという読み方もできます。

テクノロジーが進化し、アルゴリズムによって動かされていく社会の中で、人々が社会の成り立ちを意識し、意思決定する際の数学が果たす役割に気づくためには、数学教育が欠かせないと考えています。例えば気候変動がますます加速するなかで、その変化を追跡し、伝え、起こりうる未来をモデル化するためのツールを市民に提供するために、数学教育が肝心な役割を果たすでしょう。英国では、どの学校種においても児童・生徒の約20%が「数学で失敗した」と感じながら16歳を迎えているという現状があり、このままではいけないのです。これから訪れる、変化が激しく不安定な時代には、誰もが市民として積極的な役割を果たす必要があります。

私たちは、二人とも大学での現在の職務に就く前は教員でした。私たちは、数学の成績不振の原因を教員や学校のせいにしているのではありません。イングランド、カナダ、そして世界各地で、私たちは生徒のために献身的に努力し、生徒の学習をサポートするために四六時中働いている多くの教師に出会ってきました。私たちが問題視しているのは、教えることと学ぶことに関する広範な思い込み、つまり学校や教師の目的に反するドグマとなってしまった思い込みが、政策立案者や保護者、さらには子どもたちまでもが抱くイメージに影響を及ぼしていることです。

「はじめに」を書いている今、イングランドにおいては数学の「マスタリー」ティーチングを推進する動きがあります。この動きは、上に述べたような教育の揺り戻しのひとつと捉えることができます。マスタリーティーチングの目指すところは、数学の学力不振を解消することです。これは素晴らしい目標ですが、本書に書かれているいくつかのドグマを再考してこそ、長期的な成功につながると考えています。本書では、マスタリーティーチングの考え方を随所で取り上げています。

この本を手に取った読者は、5つのドグマに自分なりの疑念を抱いているかもしれません。あるいは、「数学ができない！」と言っている子どもをどうしたらいいのかわからないのかもしれません。もしくは、読者自身が「数学ができない！」と感じているのかもしれません。子どもたちが「数学ができない！」と言う理由はそれぞれ違うので、私たちは単純な解決策を提示しません。しかし、私たちが提供する新しい視点が、あなたの考えを拡張し、自分自身で数学について考えたり、人と対話したりする際に役立つストーリーやイメージをもたらすと信じています。

私たちは、母国語を話すすべての子どもたちが、小学校の算数で成功するために必要なすべてのスキルを持っていると確信しています。しかし、特効薬はありません。私たちは、すべての子どもに何が必要かを知っているわけではありませんし、それを見つけるのが簡単だとも思っていません。この本には、行動と、行動を振り返るための招待状となる、すぐにでも試せるアイデアが詰まっています。永続的な変化をもたらすために必要なのは、行動と反省の組み合わせなのです。

ドグマ **A**

数学は積み重ねが大事なつみきのような教科である

という思い込み！

'Maths is a building block subject'

アルフの体験談

私は17 年間、学校で数学を教えていました。そのため、よく友人から「子どもたちの数学の勉強をみてほしい」と頼まれました。いつも私は喜んで引き受けていました。その中でも印象に残っているある出来事があります。ジョーは私の友人の息子であり、博士課程に在籍していました。彼は、アメリカの公立大学への編入学を希望しており、そのためにはアメリカのSAT[▶01]を受けなければなりませんでした。テストには、分数の計算など、中学校のカリキュラムによく登場する数学の内容も含まれていました。初めて会った日、ジョーは分数がまったくわからないと告白し、「$\frac{2}{1/3}$とは何か?」と質問しました。

ジョーは自嘲しながら、「この分数を声に出して読むことすらできない」と話しました。「三分の一、二(two one third)ですか？そんなはずないですよね。三分の一の二(two of one third)？これも間違っているような気がします」実は、英語で分数を言

▶01 | アメリカの高校生が受ける大学進学のための標準テスト

葉で表現する方法には、きちんとしたものがありません。数学者なら「2 over one third（三分の一分の二）」と言うかもしれません。

ここでお伝えしたい重要なことは、ジョーの経歴です。彼は、経済学関連の分野、つまり高度に数学的な分野での博士号取得を目指していました。修士課程の経済学の講義を担当したこともあり、その講義では分数の文字式を含む複雑な微分方程式を解くことも教えていました。つまり彼は、分数の概念を高度に利用した、非常に複雑な数学を習得していたのです。しかし、分数の理解の初期の段階に「隙間」、もしくは「欠落した部分」があったのです。

この章の後半でこの話に戻ってきます。ジョーの話は、数学の基礎的な部分に明らかな「隙間」があっても、高等数学で成功できるという良い例です。数学は、1つのアイデアが別のアイデアにつながり、抽象の上に抽象が積み重なるというのが特徴の1つだといわれています。教育現場では、数学の学習のイメージとして木をよく使い、それは「知識の木」とも呼ばれています。木は成長するために必要な根があり、土台がしっかりしています。そして年々大きくなり、中央の幹から上に向かって成長し、枝をつくり、成長していきます。このイメージは、「学ぶことは築くことである」という比喩にも重なります。建物を建てるには、しっかりとした足場が必要で、一階から二階三階と順に積み上げてつくっていきます。いきなり木のてっぺんや、屋根の上までジャンプすることはできません。万が一、建物に問題があった場合、まずすべきことは、基礎部分を点検することです。1階に戻り、安定しているか、水平か、堅固か確認します。基礎がなければ、複雑な数学は未知で近づきがたい世界に見えてしまいます。そしてその世界で働く数学者は異星人のように見えてしまうのです。

「何かを学ぶためには、“つみきをひとつずつ積み上げていく”ように、最もシンプルなアイデアから始めて、ゆっくりと上へ上へと積み上げていく必要がある」という考え方は、もはや常識のようになっています。欧米のほとんどの国の学校の初等数学のカリキュラムは、この木の考え方を念頭に設計されています。このようなカリキュラムでは、スパイラル(螺旋状)に設計されています。つまり、児童が毎年すべてのトピックに触れ、より複雑な概念に向かって少しずつ高いレベルに到達するようにつくられています。しかし、子どもによっては、螺旋ではなく円に近くなる場合もあります。毎年、同じテーマを繰り返すことで、一瞬の気づきを得ても忘れてしまったり、せっかく身につけたスキルを次の週には失ってしまったりということが起こるからです。そして、3度目、4度目と同じ話題に遭遇したとき、「なぜ、今さら」と自己防衛の意識が働くかもしれません。それはきっと、その子どもが木のてっぺんが見えないところに移動してしまったからでしょう。それでは、何かに迷ったとき「もっと簡単なことを試してみよう」と考えることに変わるものはあるのでしょうか。ジョーの経験は、その可能性を示唆しています。

植物の比喩に話を戻します。学習や数学のイメージが、単一の構造や木ではなく、マングローブ林のようなものだとしたらどうでしょう。マングローブ林は分散型のネットワークとして成長し、それぞれの部分がほかの部分に依存しながら、上にも下にも、そして横にも成長していきます。何か問題が起こっても、スタート地点に戻る必要はありません。木の幹や建物の1階部分を探す必要もありません。なぜなら、すべてが依存しているたった1つのものはひとつもないからです。このことは「自分に合ったルートを探せばよい」ということを意味します。もし、数学がそういうものだとしたら、数学のカリキュラムに対する考え方はどのように変わるのでしょうか？　子どもたちの間違いに対処する方法はどのように変わるのでしょうか？「数学を理解しているかどうか」について、人々の感じ方はどのように変わるのでしょうか？

イメージをさらに広げて「学習や数学のイメージに木のようなものとマングローブ林のようなものの2つがあるとしたら？」と考えてみましょう。この2つの比喩は、私たちが「ドグマ」と呼んでいる、「数学の学習はつみきのような教科である」という

感覚に対してどのように作用するのでしょうか？　本書を通してのテーマは、それぞれのドグマに対して重要な洞察があることを伝えることです。「問題を解決するために複雑な問題をより単純なものに分解する」という発想には、何か強力なものがあると言えます。けれども、単純なものから複雑なものへという考え方が唯一の思考法になってしまうと、知らず知らずのうちに、数学は、近寄りがたく、権威的で、異質な存在だと思われてしまう可能性があります。そして、私たちはそう信じています。もちろん数学的なアイデアを分離させ、単体の幹として設定し、次々と学んでいくこともできます。しかしマングローブ林とみることで、アイデアの相関性と相互依存性に注目することができます。このような代案を考える出発点として、まず、「つみきのアイデア」の背景にあるいくつかの根拠について考察してみようと思います。

○――つみきのような学習

子どもの成長に合わせて数学的な到達度をテストすると、年齢が上がるほど複雑なことができるようになります。このことから「人は単純なものから複雑なものへとできるようになっていく」ように見えます。この学習モデルに合わせて授業を構成することは、理にかなっているのでしょう。しかしながら、このアイデアが一見明白に見えるがために、「学ぶことはどのように教えることと一致するのか」、あるいは「一致しないのか」というニュアンスの違いを見逃すことになってしまうかもしれません。言葉を学ぶ幼い子どもたちを見ると、彼らは最初から非常に複雑なことに取り組んでいます。語彙の成長は単純なものから複雑なものへと流れていくかもしれませんが、彼らが学んでいる環境はけっして単純ではありません。シーモア・パパート[02]は、フランス語を学ぶためにはフランス語圏の国(Frenchland)、英語を学ぶためには英語圏の国(Englishland)で暮らすことと同じように、生徒が数学語を学ぶためには数学国(mathland)で暮らすことが重要だと説きました。これは言語の簡略化された側面だけでなく、あらゆる側面(「木の上も下も」)が存在する国(land)を指しています。些細な例ですが、新しいゲームのルールを覚えるとき、文字や音声で指示されても、なかなかわからないことがありますよね。その場合、そのゲームをやったことのある人と一緒に遊び、遊びを通して理解するほうがルールを覚えられるでしょう。すると初めてプレーしたゲームであっても、自分がそのゲームの「上級者」のようなことをしていることもあります。目的意識と文脈があれば、遊びを覚えるスピードは速くなります。

速く、しかも魅力的に学習をサポートする環境は、単純なものから複雑なものへと移行する学習と必ずしも一致しないということが重要なポイントです。「数学がつみきのような教科である」というドグマの着想は、能力やスキルがどのように発達するかを観察し、想像した結果、このことは、段階的あるいは

▶02 | シーモア・パパート(1928-2016):アメリカの数学者、計算機科学者、教育者。マサチューセッツ工科大学教授。ピアジェの構成主義を発展させ「つくることで学ぶ」構築主義(コンストラクショニズム)を提唱した。プログラミング言語LOGOを設計するなど、テクノロジーを活かした体験学習、情報教育の礎を築いた。

層ごとに発達を追って教えることを意味するに違いないと考えたところから生まれたのではないでしょうか。数学は、教科の発展に関わる歴史的に確かな理由もあって、「段階的に教えなければならない」という考えが出てきたのだと思います。その経緯をたどることで、新たな可能性を見出すことができます。

数学の物語はエジプトから始まります。歴史的な経緯から、過去の文明からどのような洞察や文書が未来の文明に生き残るのか、また他の影響がどれほど容易にもたらされるのか、その不安定さと偶然性を示します。

○――アレクサンドリアとのつながり

2000年以上前に存在した古代ギリシアの数学者の一人は、現在でも驚くほどよく知られています。彼の著書は、15世紀から印刷され、これまでに聖書に次ぐ1000以上の版が出版されたと推定されています。この著書は12世紀からヨーロッパ各地の大学で研究され、ルネサンスを引き起こしたヨーロッパにおける古代ギリシア語テキストの「再発見」の一端を担いました。この本に書かれている考え方は、20世紀に入ってからも、イギリスの学校でこの本のまま学習されていました。そして今でも標準的な学校の数学のカリキュラムの内容の一部として構成されています。これはまさに木のような数学の思想を体現しています。彼の考えから生じた数学の深い難問は、いわゆる「第5公準」と結びついており、19世紀の数学者たちによって初めて解決されました。[★01]

この古代ギリシアの数学者とは、ユークリッドのことです。

ユークリッドは、アレクサンダー大王がアレクサンドリアを建設した直後の紀元前325年頃にアレクサンドリアで生まれました。ユークリッドは、広く旅をして数学のアイデアを集め、13巻の『原論』とあまり知られていない他の一連の書物にまとめたと考えられています。『原論』はユークリッドの時代にさかのぼる写本は存在しないものの、イスラムの数学者たちの努力によって、その一部が翻訳されて現代まで残っています。『原論』の内容に触れる前に、その歴史を簡単にお話ししておきましょう。

ユークリッドが生まれた頃、アレクサンドリアに後に「大図書館」と呼ばれることになる図書館が設立されました。この図書館を設立する目的は、あらゆる知識を全て収容することでした。興味深いことに、このことは、ユークリッドが旅により既知の数学をすべて集めようとしたことと並行します。この図書館のおかげで、アレクサンドリアはギリシア帝国の知的中心地のひとつとなりました。「大図書館」は、スペースが足りなく

★01｜公準(postulate)とは、証明の必要がなく、真であるとしてすんなり受け入れられることが期待される仮定です。2000年もの間、数学者たちは第5公準(ある点を通り、ある直線に平行な直線は1本しかない)が自明でないことを懸念し、他の4つの公準を使って証明しようとしました。ジレンマの解決は、第5公準が、幾何学を平らで無限の平面の上で行われていると仮定していることと同値であることを示しました。19世紀に実現したのは、最初の4つの公準と首尾一貫する他の幾何学が可能である(例えば、平らでない面の表面で行われる)ということだったのです。つまり、第5公準は、平面の幾何学を扱うために、他の4つからは証明できない、必要な仮定だったのです。この古代ギリシアの数学者の論理は、非の打ちどころがないものだったことがわかりました。

なったため、いくつかの分館が誕生しました。そのうちの1つである「ムセイオン」は、大図書館よりも長く続き、学校としても紀元前415年まで存在したと考えられています。ヒュパティア(Hypatia：BC370年頃生まれ)は、この学校の最後の校長であり、おそらく古代で最も有名な女性数学者です。ヒュパティアの父テオン(Theon)は、ユークリッドの『原論』に影響力のある注釈書を書き、当時の最新版を編集した人物です。ユークリッドの『原論』の最初のアラビア語訳は、紀元前800年頃、ギリシア語の写本をビザンティウムで入手したアル・ハッジャジ(al-Hajjaj)によって書かれたと考えられています。アル・ハッジャジは2つの翻訳書をつくったのですが、2つ目の短いバージョンの書物が現在も残っています。12世紀にはユークリッドの書物の運命は安定してきました。『原論』は、ギリシア語、ラテン語、アラビア語など、多かれ少なかれ量に違いはあるものの精巧に翻訳された、複数の版が流通するようになったためです。そして12世紀から15世紀にかけて、ヨーロッパの大学における『原論』の影響力は大きくなっていきました。15世紀、イタリアの司祭マテオ・リッチは『原論』の写しを持って中国に渡り、中国の数学者、徐光啓(じょこうけい)と共同で中国語訳を作成しました。『原論』はわずかな写本の存在によって現代まで残り、数学教育に多大な影響を与えました。その一方で、ユークリッドのもうひとつの著作である『ポリスマタ(Porism)』3巻は消失してしまいました。『ポリスマタ』が何であったかは定かではありませんが、現在でいうところの射影幾何学に焦点を当てた本であったと思われています。もし、『ポリスマタ』の書物にある射影幾何学(関係性を大事にする学問）が残っていて、『原論』（後述するように、思考の階層を定めている学問）が失われていたら、西洋世界は大きく変わっていたのかもしれません。

○――ユークリッドの『原論』

『原論』は、数学的なアイデアをまとめていく方法が注目に値します。物事は順序立てて説明され、最も基本的な概念から始まり、真理を確立し、それを使って他のより複雑な真理を構築していきます。ユークリッドは、今でいう「公理的方法」を用いていたのです。数学における「公理」とは、何かを考えることをはじめるために、真実であるとみなされる出発点となる仮定のことです。

ユークリッドの方法がどのようなものかを理解するために、コンピュータゲームを例に類推してみましょう。多くのコンピュータゲームはレベル別に構成されています。プレーヤーはレベル1をクリアしてからでないとレベル2に進めません。そしてレベル1をクリアするまでに、レベル2で使用できる道具を手に入れることができます。このようなデザインは、知らないうちに、ユークリッドが描いた論理に従っているのです。ユークリッドは、最初に数学的な事実（命題）をいくつか確立し（「ゲーム」のレベル1）、次に証明すべき事柄を、それまでにカバーしたものが使えるようにアレンジしました（レベル1の道具をレベル2で使えるようにしたように）。証明すべき次の一連の数学的記述は、わずかに複雑なものへと進んでいきます。何かを証明したら、他を証明するために利用できる真理の集合の中に証明した事柄を加えることができます。多くのコンピュータゲームが、最終的な目標達成に向けた設計であることと同じように、『原論』は最後の最後、13冊目(!)で、「プラトン立体」が5つ存在し、それが5つだけであることを証明できるように配列されています。

ユークリッドと『原論』がヨーロッパの思想に与えた影響は計り知れないものがあります。しかし、ここで私たちが提起したいのは、このような「真理」の集合としての数学のイメージが、数学の学習にもうまく反映されるのかどうかということです。論理的な演繹の過程では、一つの欠陥がシステム全体を危うくしてしまいます。証明に誤りがあると、その証明が証明されないだけでなく、それを利用した他のすべての証明も証明されていないことになります。けれども、何かを教えたり、学んだりすることを考えると……

- アイデアそのものを理解する前に、そのアイデアの前提をすべて理解する必要があるということになりますか?
- すべてのアイデアには、明確に定義された前提があるのでしょうか?
- あるアイデアを完全に理解してからでないと、そのアイデアをより複雑なアイデアに生かすことはできないのでしょうか?
- 途中から始めることはできないのでしょうか?

数学に使われる木のイメージは、ジャン・ピアジェなどの初期の心理学者の研究の発達過程[03]にも見出すことができます。学習者の年齢と結びついた最初の思考レベルがあり、その後の思考レベルの前提として機能するようになっています。最近の発達段階は、年齢をあまり意識していませんが、「木」のイメージは強く、ある段に達すると次の段に進むことができるような学習の進め方をとり入れています。この章の残りの部分で、これらの疑問について取り上げることにしましょう。その前に、この章の冒頭で、アルフがジョーと分数の勉強をしたときの話にいったん戻りましょう。この話は、「数学はつみきのような教科だ」というドグマが、数学を表すすべてではないことを端的に物語っています。

○——アルフの分数の話

私は長年、数学の教師をしていましたが、数学的記号の曖昧さについて特に意識することなく教えてきました。例えば「-2」は、対象(例:数列上の位置)を意味することもあれば、過程(2の引き算)を意味することもあります。学生時代のジョーが戸惑ったのも、きっとこの辺にあるのだろうと想像しています。このような、意味の切り替えが暗黙のうちに行われ、そのさまざまな意味を表現する記号が同じであることが、「何が起こっているのかまったくわからない」、「いつルールが変わるかもしれな

▶03 | Piaget, J(ピアジェ)の提唱した認知発達段階説。ピアジェは子どもの認知機能(思考)の発達は、外界を認識する「シェマ(スキーマ構造)」の質的変化が4つの段階(感覚運動期,前操作期,具体的操作期,形式的操作期)を経て進むと考えた。

い」という感覚をもたせ、数学に不安を覚えるひとつの原因になっているのかもしれません。数学は気まぐれというより曖昧です。その曖昧さは、例えば同じ記号に対して異なるイメージを提示することで、学習者が気づくことができます。

結局、「除法には2種類の意味がある」ということに気づいたことが、ジョーの助けになりました。例えば、$\frac{500}{2}$という分数は、500を2で割ったことを意味します。500÷2は、「500の中に2はいくつあるか」ということを意味すると考えることもできますし、「500を2つに分割して、そのうちの1つの大きさはどれだけか」ということを意味すると考えることもできます。▶04 前者は、500になるまで2ずつ数えていくと、2の段数がいくつ必要なのか(250)を求めています。後者は、500を2つに分けて、1つの部分(250)の大きさを求めています。この2つの問題は長さでイメージすることができます。1つ目の図は2の長さ250個分で500をつくり、2つ目の図は250の長さ2つ分で500をつくっています。この2つの方法がどちらも割り算を意味し、同じ答えになるということは、非常に驚くべきことなのです。

▶04｜日本の教育課程では、前者を包含除、後者を等分除とよび、小学校第3学年で2つの意味について指導している。このことは後ほど本章で「気づきによる編成」(p.27)として紹介されている。

左図では、私たちは長さ2の1つのまとまりを用意し、はじめに「2が何個で500になるか」を考えます。これは次のように書くことができます[▶05]：

1：2

？：500

1つのまとまりの長さが2だとすると、長さ500をつくるには250個分の2のまとまりが必要です。

右図では、「500をまとまり2つ分とすると、1つのまとまりはどれくらいの大きさになるのか」と考えるところからはじめます。これは次のように書くことができます[▶06]：

500：2

？：1

500が等しいまとまり2つ分の長さだとすると、1つ分のまとまりの長さは250です。2種類の除法は、ジョーが迷っていた分数に、異なるイメージを与えて適用することができます。1つ目は「2まで3分の1で数えて、3分の1が何回必要か調べる」という方法です。下の数直線の目盛は「3分の1」です。3分の1を3回進むと1になり、さらに3回進むと2になるので、ジョー

▶05｜日本では除法を比で表すことが少ないので、次のように乗法で説明すると読者の助けになるかもしれない：

$$2 \times ? = 500$$

$$? = 500 \div 2$$

▶06｜同様に次のように表現できる。

$$? \times 2 = 500$$

$$? = 500 \div 2$$

の分数($\frac{2}{1/3}$)は6にあたります。下の図は、ジョーを助けてくれたイメージの一つです。

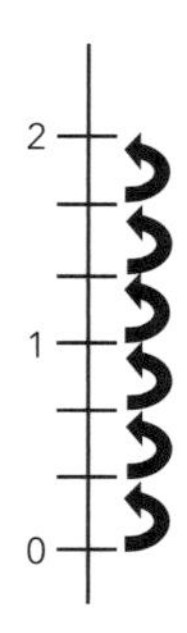

2つ目の除法で考えると、2は$\frac{1}{3}$にあたる長さだと考え、1にあたる長さを求める必要があるのです。

$$2:\frac{1}{3}$$
$$?:1$$

ジョーは、特に1つ目の除法を表す数直線上の目盛りの数に答えの「6」が出てこないことに衝撃を受けていました。

ジョーの話は、学び方という視点から、数学がつみきのような科目である必要はないことを示唆しています。少なくとも、ある概念を高度に理解しながら、その概念について重要な考えが欠けていることはあり得るということを、ジョーは示しているのです。もし、ジョーの先生がジョーが分数に困難を感じていることに気づき、彼が基本的な考え方を理解するまで、より複雑な考え方を教えなかったとしたら、彼は博士課程に進むことはなかったかもしれません。

ジョーの話は、「人間はつみき方式でうまく学習するのか」という問題を提起しています。確かに多くの人がこうやって数学を教わってきたのだから、この方法で学べることは明らかです。しかし、疑問も出てきます：

・これが学習を編成するための賢明な方法なのでしょうか？
・別の方法はないのでしょうか？

世界中の多くの人々が学校で数学を理解することに苦労していることを考えると、このような疑問は切実なものと言えます。

○——複雑さへの対応

この本のいくつかの章で教育学者のカレブ・ガテーニョ（Caleb Gattegno）の研究について触れます。ここで彼について簡単に紹介します。ガテーニョは1911年にアレクサンドリアに生まれ、1988年に亡くなりました。1960年代にはキズネール棒を世界中に普及させるなど、教育や学習に関する考えで生前から名声を博していました。カラフルで長さが1cmから10cmの角柱のキズネール棒は、今でも小学校で使われています。また、ガテーニョは、英国で数学教師協会という影響力のある組織の設立に貢献し、特に数学と言語に関する学校のカリキュラムのアイデアを発展させました。

ガテーニョは、子どもがどのように母国語を習得していくかという研究に真摯に向き合いました。ガテーニョは、子どもたちを観察し、英語を学ぶ子どもたちは3歳くらいになると「I ran（走った）」ではなく「I runned」という文法的な間違いをする時期があるということに気づきました。ガテーニョは、このことから私たちは母国語を模倣だけで学ぶのではないと考えました。なぜなら子どもたちは、「I runned」という言葉を聞いたことがないはずだからです。むしろ、「I runned」というフレーズは、子どもたちがパターンに気づき、それを「過剰に」適用していることを示しているのだと考えたのです。子どもが「I runned」と言うためには、文脈と語尾のパターン(過去形を示すために「-ed」をつけること)に気づき、そのパターンを一般化して「to run(走ること)」という動詞に適用したはずで、それが不規則な動詞であることには気づかなかったということなのです。一般化したり、慣れない状況でルールを適用したりすることは、通常、ずっと年長の学習者にしかできない、より高度なスキルだと考えられています。もし私たちが、「スパイラルなカリキュラムの線上」で、母国語を学ぶための環境をデザインするのであれば、3歳児にそのような思考能力があるとは考えにくいでしょう。今なお、スパイラルであることが、子どもたちが言葉をどのように使いこなすようになるかを考える際に中心となる考えなのかもしれません。ほとんどの子どもは、家庭の言語環境は複雑であるため、複数のパターンが重複して存在し、それに気づいたり試したりすることができます。環境(他の子どもや大人による)は、新しい語彙や文法に気づくために役立つフィードバックを与えてくれます。ある文法を習得していないから、より複雑であったりこれまでと異なったりしている文法に気づくことができないということはないのです。

もちろん、3歳児、青年、成人の間には神経学的な違いがありますが、一般化する能力は決してなくなるものではありません。これは就学前の子どもたちが一般化することに非常に長けていることを示すよい証拠です。おそらく、学校での学習方法と子どもたちが母国語を学ぶ方法の間には明らかな構造的および文脈上の違いがあるため、このような事例を参考にしないのでしょう。これまで母国語の習得という特別な偉業を説明しようとする試みがなされてきました。よく言われる考え方は、人間は生まれながらにしてある種の「普遍文法」を持っているというものです。しかし、現在ではその主要な著者であるノーム・チョムスキー自身がこれを否定しています。また、子どもの脳には、年をとるにつれて失われていく可塑性があるという考え方もあります。けれども、脳の可塑性による変化だけでは、たとえば4歳から14歳にかけての学習方法の違いを説明することはできないようです。しかし、母国語の習得の容易さや楽しさと、学校での苦難に満ちた学習との間には、往々にして顕著な違いがあります。ガテーニョは、学習の効率性あるいは経済性という観点から何が可能か、ということに関心を持っていました。

私たちは、子どもの頃と同じくらい早く学ぶことができるという考えに怖気づいて、それが不可能であるという説明を探しているのかもしれません。ガテーニョの驚くべき主張は、私たちは母国語を学ぶことができた心の力をまだすべて持っており、自分自身の学習のために、また子どもたちの学習を構成するために、それらを今すぐ使うことができるというものでした。では、それはどのような力なのでしょうか。

子どもたちは、母国語(Home Language)を学習しているとき、複雑な状況においても、話の流れの中から個々の単語に気づくなど、特定の特徴を識別することができます。あることに気づいて強調する一方で、あることを無視するという「強調と無視(stressing and ignoring)」は、ガテーニョが注目した力の一つです。子どもたちがパターンに気づくのは、大人や他者からのフィードバックを受けたり、子どもたち自身が複雑な環境の特定の側面を強調したりすることに支えられているからです。これをパターンスポッティング(pattern-spotting)と呼び、ガテーニョが注目したもう一つの力です。子どもたちは学習の初期の段階から、コミュニケーションのために言語をつくり出し、革新的で新しい話し方を創造していきます。与えられた制約や構造の中で創造性を発揮することも力です。さらに私たちが紹介したい力は、逆の関係への気づきです。これによって、「私はあなたの子どもです」が「あなたは私の親です」を意味するという補完的な関係を子どもたちは簡単に使いこなせるようになります。そして、ガテーニョは、こうした心の力は言語以前に存在するとしていました。数学の学習に直結する示唆は、子どもたちの「すること・しないこと」に対する気づきを引き出すことができるということです。それによって常にプロセスとその逆(例えば、足し算と引き算、掛け算と割り算、因数分解と展開を一緒に教えるなど)を同時に扱うことができるのです。

ガテーニョは、習得すべき一連の「気づき(awareness)」には順序があり、数学のカリキュラムはその観点に沿って組まれるべきだと論じています。彼はシュタイナーがウォルドルフ[07]のカリキュラムに取り入れた思想史、ユークリッドのような論理、もしくはスパイラルカリキュラム(西洋で影響力のあるジェローム・ブルーナーの考えで、毎年同じ内容に戻るが毎回深くなるカリキュラム)など、他の順序の原則を否定しました。ガテーニョは「awareness(気づき)」を「awarenesses」と可算名詞にして、「気づき」の要素や瞬間について書きました。例えば「除法は2つの異なる方法で考えることができる」という感覚があるというのがawareness(気づき)の例です(上記のジョーの話のように)。「除法は2つの方法で考えることができる」という「気づき」を生むためには、関連するいくつもの「気づき」、先の例で言うと2つの除法の概念に関連するイメージ、関連する手続きなどが必要となります。興味深いことに、中国と日本のカリキュラムは、気づきによる編成をしています。その特徴は、手続きや手順に注目する前に、数学的構造(全体をどのように部分に分割できるかのモデルなど)への気づきを発達させることに注目しているのです。一見複雑に見えるものから始めることが、経験豊富な学習者がつみきの基礎だとして考えているものから始めることよりも、学習者にとっての学びがシンプルになることがあります。つみきを連想することが意味を持つのは、学び手がシステム全体のイメージをすでに持っている場合だけなのです。マングローブ林のような学びのイメージは、「どこから始めればいいのかわからない」という感覚をなくすのに役立つかもしれません。

次の章では、この章のドグマとそれに代わるアプローチが実

▶07｜シュタイナーの教育思想を実践した、ドイツで最初にできた学校の名前

際にどのように作用するのかを、文字式の指導に焦点を当ててみていくことにしましょう。

実践編 A

小学校で文字式を学習する

Early learning of algebra

代数(文字式)は、学校数学の過程で分かれ道となる分野です。世界中のほとんどのカリキュラムでは、代数は比較的遅くに登場します。ちなみに数学の歴史においても、代数学が登場したのは、数に関する考え方が発展した何世紀も後の出来事です。つみきの考えでは、文字が数の後に出てくる必要があるのは当然です。つまり、私たちはまず数について学び、それから代数(文字)へ一般化するのです。

しかし、ドグマAのように数学を「気づき(awareness)」の観点から見るならば、そしてどのように母国語を学ぶのかという考えを真摯に考えるならば、驚くべき結論が導かれるかもしれません。文字式の授業と学習の事例を紹介する前に、代数の意味に少しだけ触れておきます。代数は、文字を使って表現します。「xはいったい何を意味しているのか」謎はそこから始まります。「xは任意の数のことを表している」といった説明は、あまり助けにはならないようです。文字の難しさは、xが未知のものを表すときに使われること、つまり、私たちの知らないことを記号化する方法であることにあるようです。驚くべきことに、知らないことに適切なラベルを貼ることで、それを知る方法が見つかることもあるのです。知らないことをあたかも知っているかのように扱うことは、人間にとってごく普通の行為であり、子どもたちにも理解できることだと思います。

代数の本質は、関係性への気づきです。x+yのような表現は、2つのものの関係を表しており、その関係は「足す」ということです。紛らわしいのは、代数的な仕事をしているとき、私たちはこの足し算の結果に関心を向けているのではなく、両者の関係の方に注目しているということです。必ず答えがある数学の質問に慣れている子どもたちにとっては、このことは不安を感じることなのかもしれません。x+yのような表現は答えを「保留」する必要があります。ペンディングです。xとyの組み合わせ方に注目する以外、できることは何もないのです。この式は、「xとyが特定の数値を持っている」と言われないと計算することができません。文字は、観察された関係や、何らかの目的で必要とされる関係を表現するために使用されます。

数学で明確な答えを出すことに慣れている人にとって、文字式の未完成な性質は時に不安を抱かせます。xとyの値によって、ひとつの式から無数の結果が得られる場合も同様です。特殊な場合を除き、文字を固定したり安定させたりする方法はありません。結果が出ないことで、文字式が抽象的に見えてしまい、一体何を表しているのかがわからなくなってしまうのです。本章では、代数学が別世界のもの、あるいは遠い存在に感じる必要はない、ということを説明します。

これまでの数学の教え方にとらわれず、文字式を扱うこと、数を扱うことへの意識に目を向けると、カレブ・ガテーニョがたどり着いた「最初に文字を扱うことでうまくいく」という結論に至るかもしれません。実際、子どもが4、5歳になる前に、「リンゴ1個とリンゴ1個を足すと何個になりますか（リンゴ2個）」という質問には喜んで答えるのに、「1＋1は何ですか」という質問には困ってしまう時期があるのです。この観察結果は、子どもたちが最初に形容詞として数詞を理解することを示唆しています。この年頃の子どもなら、「1単位＋1単位は何ですか」、あるいは「100＋100は何ですか」という質問に答えることができるのではと私たちは考えます。数をそれ自体、あるいは対象として意識するのは、リンゴなど他のものに適用されるものとしての数の感覚の後に来るようです。もし数が属性や形容詞として扱われるのであれば、数は比較のための手段であるといえます。言い換えると、子どもたちは母国語の学習を通して初めて数に出会うのですが、それは数そのものではなく、ものとものとの関係で捉えています。関係を捉えるという意味でそこに代数学のいくつかの特徴が見られるのです。

ガテーニョが開発したカリキュラムは、棒の長さの関係（より短い、より長い、同じ）を文字で表現し、その後に数詞を扱うというものでした。言い換えると、代数への「気づき」から始まって、その「気づき」を使って数への「気づき」を深めるというカリキュラムになっています。この配列が素晴らしい効果を発揮した資料や例があります[★02]。同時代のロシアの教育者であるワシリー・ダヴィドフも、子どもたちが数に出会う前に、代数的に

★02｜例えば、ガテーニョ（1963）、ガテーニョ（1974）

表現される関係に取り組むことを提案しています。ダヴィドフにとって、関係性を考える初期の作業の基本は「測定」でした。そしてガテーニョの場合は、それは直方体の棒の長さでした。ダヴィドフのアイデアは、米国での研究プログラム「Measure Up」に影響を与えるなど、ロシアやその他の地域で実施され、目覚ましい成功を収めています。

ダヴィドフとガテーニョのカリキュラム・アプローチが成功したのだから、なぜすべてのカリキュラムがこうならないのかという疑問が出てきます。それはユークリッドの『原論』がヨーロッパをはじめ世界各地に影響を与えたことに遡り、従来、数学がどのように教えられてきたかという歴史の重みがあるためだと考えています。カリキュラムの大きな変更を行うためには、相当な努力を持続することが必要であり、教師のための大規模なトレーニングが必要となります（過去にあったカリキュラムの抜本的な改革から、私たちは教師へのサポートが重要であることを学びました）。もちろん、子どもたちは文字式の前に数を扱うことで数学を学ぶことができますし、実際にそうしてきています。東アジアのように、より伝統的な順序を用いるシステムもあります。そしてそのカリキュラムの編成とその指導が、大多数の生徒を高い水準の学びへの成功をもたらしているように思われます。本当に言いたいのは、「数の学習の前に代数のアイデアを扱うことが可能である」という事実は、「数学がつみきのような教科ではない」、あるいは「それだけではない」ことを示しているということです。数学の理解を深める方法はたくさんあるのです。実際、「建物（Building）」という言葉で数学の積み重ねを表す比喩は、数学を理解することに役立っていないように思えます。これまで述べてきたように、数学の学習のイメージは、部分が相互に作用して組み合わさっているけれども、明確な階層はありません。ドグマAから出てきたマングローブの比喩がより正確なのかもしれません。これが意味することは、一部の子どもたちが学校数学のある部分にアクセスすることを拒否されることには正当な根拠がないということです。例えば、数の計算が苦手な子がいるからといって、代数学を教えない理由にはならないのです。実は、数が苦手な子どもほど、代数が得意なのかもしれません。手続き的な計算をする必要がほとんどないからです。このことは、子どもたちを事前の到達度によって「能力」のグループに分けている慣行にも疑問を投げかけるものです。このことは、この後の章でも出てくるポイントとなります。

実践事例集

現在、小学校段階でそれぞれのカリキュラムを実践しながら、子どもの「気づき」に働きかけ、心の力を高めるような授業を工夫して行っている事例があります。イングランド南西部のある学校では、2015年に全英のTeacher of the Year賞を受賞したキャロライン・エインズワース（Caroline Ainsworth）が数学の指導を一新し、目覚ましい成果を上げました。彼女は自身のアプローチについて執筆し（Ainsworth, 2016）、イングランドのNational Centre for Excellence in Teaching of Mathematics（NCETM）のインタビューを受けています。キャロラインは、レセプション（4〜5歳）からイヤー6（10〜11歳）まで、すべてのクラスでキズネール棒（下の写真参照）を使用して授業を実践しました。彼女は、ガテーニョの考えやカナダの教師マドレーヌ・グタール（Madeleine Goutard）の仕事からインスピレーションを得ながら、長年にわたって数学教育へのアプローチを発展させてきました（Goutard, 1964とwww.youtube.com/ watch?v=Kw94gmzRrOY参照）。

キャロラインは、ロッド（棒）が子どもたちに一貫したイメー

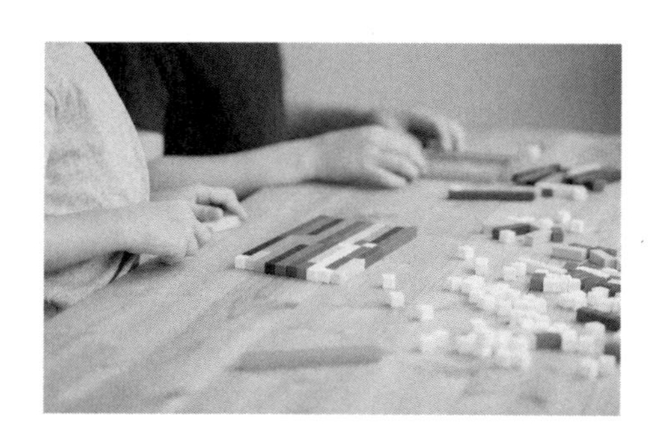

ジを与え、文字への変換を直観的に把握するための道具になることを見出しました。継続的に使用するのであれば、子どもたちが自分でロッドを探究し、慣れ親しむ時間を与えることが重要です。ガテーニョは、レセプションの年齢の子どもたちに、10分から20分ほどロッドで自由に遊ぶ時間を設け、それを数週間から数ヶ月にわたって継続した後、意図的に指導するタイミングを計るようアドバイスしています。子どもたちはこの間に、ロッドの色の名前について少しずつ認識していきます。▶08

ロッドで自由に遊んだ後は、ロッドの端と端を合わせて「電車」をつくり、その電車を色の名前で表現してもらいます。電

車が、wとyとyとr（w:白、y:黄、黄、そしてr:赤のロッド）で構成されているとします。「+」の記号を導入すると、列車を「w＋y＋y＋r」と表現することができます。ここには「答え」はなく、等号もなく、ただ文字で記述していることに注目してください。これは、代数的な記号を並べることの意味を理解し、答えが必要ないことに慣れることを助けます。

異なる列車の長さを比較することは、子どもたちにとって自然な活動です。<、>、=という記号が登場すると、まったく新しい世界が広がります。たとえば「g＋r＋y＜o＋p」のように、子どもたちはロッドについて自分がわかっていることを表現できるようになります。繰り返しになりますが、このような表現には数がなく、一つの答えにたどり着くこともなく、数えることもありません。やがて、「t＋w＝d＋g」のように、同じ長さの列車を2つつくることに集中するようになります。

この段階では、子どもたちは代数を使っているとは思わないかもしれません。単に長さのために文字の名称を使用しているだけなのです。しかし、これを基礎として、代数的思考が発達していきます。発達にはいくつかの可能性があって、それらをカバーするさまざまなスキームや教科書が存在します[★03]。ロッド

▶**08**｜キズネール棒はロッドの色が長さを示している。子どもたちは遊びながら色の名前と長さの関係を把握していく。色の名前に使われるアルファベット1文字は関係を表す文字として使われる。10本のロッドは、短い順に白：white・1cm（w）、赤：red・2cm(r)、黄緑：light green・3cm（g）、紫（もしくはピンク）：purple・4cm（p）、黄色：yellow・5cm（y）、緑：dark green・6cm(d)、黒:black・7cm(bもしくはk)、こげ茶色:tan or brown・8cm（tもしくはn）、青：blue・9cm(Bもしくはe)、橙:orange・10cm(o)

の「階段」を見るのも一つの方法ですし、以下のように、2本のロッドを組み合わせて同じ長さにする方法を調べるのも一つの方法です。

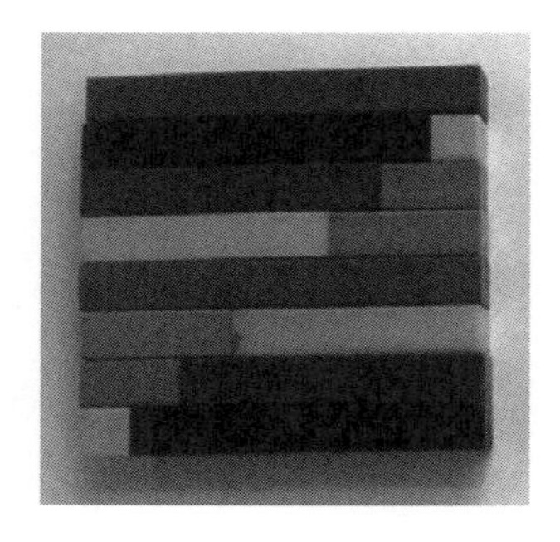

こげ茶：t	
黒：b	白：w
緑：d	赤：r
黄色：y	黄緑：g
紫：p	紫：p
黄緑：g	黄色：y
赤：r	緑：d
白：w	黒：b

こうすることで、一方のロッドが短くなればなるほど、他方のロッドが長くなるという関係を観察することができます：

$b+w=d+r=y+g=p+p=g+y=r+d=w+b$

子どもたちは、ロッド2本で、あるいはロッド3本で、といった具合に、さまざまな長さをつくることができます。そしてそれを眺めていると、非常に複雑な数学が生まれます。例えば、「あるロッドを他のロッド2本を使って並べる並べ方は何通りか」などの疑問が湧いてきます。「長さ2の赤のロッドの並べ方は1種類だけ」、「長さ3の黄緑のロッドの並べ方は2種類ある」など、いくつかの結果を見ると、一般化することができます。そうすればおそらく、どんな長さのロッドでも、他の2本のロッ

★03 | たとえば、ガテーニョ(1963)参照

ドをつかって、できる並べ方の数を見通すことが可能です。一般化は、複雑でとっつきにくいと思われがちな数学的活動ですが、自分が並べたロッドの並べ方の数を説明するような具体的で意味のある文脈では、子どもでも簡単に一般化できることもあります。

同じロッドが2本あると、1本のロッドと同じ長さになる場合もあります。そこで、$p+p=t$のような状態から、数を導入することができます。$p+p=t$なら、そのまま表現すると、$2p=t$となり、逆に表現すると、$p=\frac{1}{2}t$となります。

子どもたちの説明の中でこのような変換を行うようになれば、本当の意味で代数的思考をしていると言えるでしょう。キャロライン・エインズワースは、子どもたちがロッドの長さの関係として分数を捉え、子どもたちの分数の理解をサポートしていることを示しました。

数の導入は重要だけれども、すぐには気づかない方法で行われました。また、世界中の現在の多くの初等教育カリキュラムに逆行するものでもありました。$2p=t$と書くとき、子どもたちは具体的な教材(茶色のロッドに紫のロッドを2本並べる)を見ながら書きます。「p」や「t」の文字は、目に見えるもの、形あるものに付けられます。しかし、数字の「2」はロッド同士の関係を表すもので、それ自体がロッドのラベルというわけではありません。そして、この微妙な焦点のずれにこそ、ガテーニョに着想を得たこの取り組みの全体的なパワーの源があるのです。

算数の前に代数を扱うというカリキュラムの転換は、多くの学校の状況では不可能かもしれません。けれども、具体的な教材を使い、その間の抽象的な関係に焦点を当てるという考え方は、カリキュラムのどの領域においても活用できるものだと思います。初等教育の子どもたちが具体的な教材を必要とすることはよくあることです。しかし、子どもたちが抽象的な関係を考えながら、具体的な教材にどのように取り組むのかということが、しばしば見落とされているように思われます。たとえば、測定の学習は「1cm」「1m」とは何かということに着目し、その長さの具体例を用意することが一般的です。もし測定で関係性を重視するのであれば、ある長さを別の長さで測るところから始めます[▶09]。例えば、教室の壁は本20冊分の長さ、本はコイン12枚分の長さという具合にです。長さが他の長さで説明できること、尺度が多様であることから、標準単位が必要であることの気づきが生まれます[★04]。同じように、足し算などの演算を学習する際にも、演算とその逆の演算（足し算と引き算、掛け算と割り算）を同時に行うことで、関係を中心に考えることができます。ある場面が足し算を意味する場合、同じ場面で引き算を意味する描写があるはずです。これらの異なる、逆の説明がどのように関係するのかを、操作そのものの仕組みを学ぶ前に取り組むことができるのです。

▶09｜日本のカリキュラムでは、直接比較→間接比較→任意単位による測定→標準単位による測定という順で測定の学習が行われている。標準単位の必要性を学ぶ前に、任意単位よる比較を取り入れている。関係性を重視して測定を学び、それを数の関係に結びつけることが大切であることを本書では示している。

★04｜『Aliens Love Underpants』「標準単位による測定の必要性を育む授業例として」McGuire & Evans（2018）参照

数を数える前に足し算と引き算に取り組む例は、ハワイなどで使われているダヴィドフのカリキュラムのアイデアにあります[★05]。子どもたちは長さ、面積、体積、重さなどを比較し、形状に応じたラベルを使い、下のような場面では$A > B$と書きます。

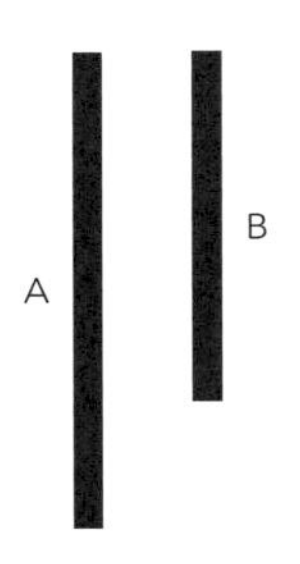

子どもたちは、$B < A$と逆に書くように促されます。そのうち、AにするためにBに加える必要がある長さ（または面積、体積、重量）という第3の要素が導入されます。$A > B$であれば、$A = B + C$となるように第3の測定値Cを求めることができます。そこで子どもたちは、その関係を別の方法で可能な限り書くように促されます。

$$B = A - C \qquad C = A - B$$

子どもたちは、数を使って計算するという意味での足し算や引き算をすることなく、足し算、引き算、等号の関係に取り組みます。ハワイの教師や、エインズワース、ガテーニョなどの

★05 | Curriculum Research & Development Group, University of Hawai'i at Mānoa, unknown

研究から、4、5歳の子どもたちが、A＝B＋Cのような関係や、それに関連する記述、例えば$2p=t$とその逆$\frac{1}{2}t=p$を表すことについて、何の問題もないことが分かっています。これは特に、社会的・教室的環境がかなり安定しており、また、子どもたちが「能力」のレベルに分けられていない場合、往々にして自己実現へと向かう実践となっていきます。ガテーニョが指導しているアーカイブフィルムは、そのような活動を示しています。[★06]分数を具体化する意外な方法は、具体的でないものを示すために分数表記を使うこと、つまり、ロッドそのものではなく、ロッド間の関係を示すことなのです。数学的な記号が関係として現れる文脈をデザインすることで、子どもたちは生活から学んだ「実行すること」と「元に戻すこと」を活用することができます。関係やその逆を扱うことは、子どもたちの理解に役立つのです。逆の視点を使うことで、どんな関係であっても、少なくとも2つの視点から考えたり表現したりすることができます。

キズネール棒を使って数学をする時、$2p=t$と書くことは、$\frac{1}{2}t=p$と書くことより簡単です。この2つの式は同じ関係を表しています。このカリキュラムでは、子どもたちが分数を簡単に使いこなすことができるようになっていますが、これは典型的な経験とはまったく対照的なものです。数の学習に移る前に、長さとその組み合わせについて代数的な認識を持つという、一般から始まるカリキュラム編成の利点のひとつです。また、初期の段階で、子どもたちが数を数える必要性はほとんどない

★06 | National Film Board of Canada, 1961

と言ってよいでしょう。これについては、「実践編E」をご覧ください。

○——カリキュラム編成を選択する

米国の状況を見てみると、数学の初等教育カリキュラムへのオルタナティブなアプローチの可能性が見出せます。ニューヨークのブロンクス・ベター・ラーニング（The Bronx Better Learning：BBL）チャータースクールは、ガテーニョのカリキュラムに沿っており、数学もそれに準じています。2019年のBBLの報告によると、数学において、3年生から8年生までのBBLの児童生徒の78％が「熟達」とされるレベル以上のスコアを獲得したのに対し、地区内の他の学校の同じ学年の児童生徒で同じレベルに達する生徒は全体の35％でした。これは、地区全体の児童生徒の割合の2倍以上にあたります。この学校は、地区内で最も経済的に困窮している子どもたちを対象にした学校のうちのひとつでありながらも、一貫してこの成果を上げています。

少なくとも、これらの例は、数学で成功するための多くのルートがあり、数学のスキルを身につけるための多くの方法があることを示しています。代数や分数のような複雑だと思われがちな内容について、キズネール棒と関連づけて抽象概念を表現するなどの一貫した方法で行われるのであれば、初等教育カリキュラムの早い段階で取り組むことに大きな利点があるのです。先に述べたハワイの「Measure Up」プログラムでは、さまざまな量の測定と関連づけて、子どもたちがいかに位取りに関する高度な理解を深めることができるかを示しています。

イングランドでは、英国政府(2021年現在)が初等数学のマスタリーアプローチを推奨しています。パワフルなアイデアの1つは、教師は決まった数の表現を用いて授業を行い、初等教育を通じて一貫してそれを使用するということです[★07]。たとえば、数直線のイメージを一貫して使用することや、2つのパーツが全体を構成することを一貫して示す方法などが提案されています。NCETM Professional Developmentのリソースでも想定されているように、マスタリーアプローチは、ナショナルカリキュラムの内容の並び替えを必要とします。この並べ替えは、学習者の意識を高め、プライマリーカリキュラムの一貫した道筋を提供するという観点から行われているのです。これらは、算術の前に代数を学習することを提案するまでは至っていませんが、ガテーニョの考え方に沿って、カリキュラムの出発点に長さと測定を扱うことを提案しています。親として、教師として、学習者として、ガテーニョの数学教材をお子さんに使っているお母さんが書いたブログをご覧になると、インスピレーションを得られるかもしれません[★08]。

○──まとめ

「ドグマA」と「実践編A」では、古代ギリシアの数学者ユーク

★07 | NCETMのウェブサイトで公開されている教師向けのProfessional Developmentの資料で確認することができます。https://www.ncetm.org.uk/teaching-for-mastery/mastery-materials/primary-mastery-professional-development/

★08 | www.arithmophobianomore.com/category/how-to-teach

リッドの著作に端を発した「数学はつみきのような教科である」という考えを辿りました。数学という教科は、最も基本的な考え方から始まり、徐々に複雑になっていくという論理的な順序で並べることができるという感覚があります。この順序は、途中の各ステップや主張を証明したり正当化したりする意図がある場合に威力を発揮します。しかし、論理に最適な順序が、必ずしも学習にとって実りある順序とは限りません。さらに、昔の技術(紙と鉛筆)に適した順序は、キズネール棒のようなツールを利用できる今日の学習者にとって、必ずしも生産的なものとなるわけではありません。その代わりに、カレブ・ガテーニョは、気づきの観点からカリキュラムの順序を決めることを提案し、特に、代数への気づきは数への気づきよりも先に生まれることがあると提案しました。キャロライン・エインズワースの指導は、このアプローチが現代の文脈でいかに強力なものとなりうるかを示しています。鍵となるアイデアは、児童が数を理解するための方法として、数の関係に取り組むことができるということです。これは、数学の意味を理解するために必要なことだと言っているのではなく、子どもたちに関係を目に見えるように、あるいは具体的に示すことができれば、その関係についての抽象的な数学の考え方ができるようになるという良い根拠を示しているのです。他の章でもテーマになっていることですが、私たちの信念は、関係性に焦点を当てることで、数学を魅力的かつ効果的に学ぶことができるということです。結局のところ、私たちにとって重要なのは、「最高の」カリキュラム編成を見つけることではなく、「最高の編成」など存在しないこと、そして、数学を理解するためには多くの道があり、それを探究し続ける必要があることを理解することなのです。

カリキュラムは代数から始めるべきか、それとも数から始めるべきかという議論が示すことのひとつは、ここに真の問いと選択肢が存在するということなのです。もし、学習を成功させるためのルートが複数あり、時にはまったく正反対であることを認めれば、より複雑なアイデアに取り組む機会を、あるアイデアを理解していないからと奪うことは、絶対に正当化されない行為と言えるでしょう。つまり、学校で行われているストリーミング制やセッティング制[▶10]などの、苦手な生徒がよりゆっくり進み、同じ内容に戻り続けるというやり方は、欠陥のあるドグマに基づいて行っている教育なのです。英国では、特に小学校の段階で、生徒を能力別にグループ分けすることを避ける動きが最近出てきています。しかし、中等教育段階でのセッティングの実践は、依然として広く行われています。

生徒が基本的な考え方を理解するのは、より複雑な考え方を必要とするからなのかもしれません。人間の学習は、家庭での言語学習と同様、複雑な作業をすることで成長するようです。数学の学習についてのイメージは、木や、建物を下から上へレンガで組み立てるというイメージではなく、マングローブ林のように至るところから根を張るというイメージを持つといいか

▶10｜到達レベルが同じ生徒のグループ化のアプローチ。「ストリーミング制」では同じグループの生徒はほとんど同じ授業を受ける。「セッティング制」では、特定の学年の特定の科目(数学・英語など)でレベル別の学習を受ける制度。日本では、一部で「セッティング制」と同様の習熟度別学習が実施されている地域がある。

もしれません。学びは異なる側面が互いに育み合って成り立つものので、何が最も重要で、何が最も重要でないかというような明確な階層は存在しないのです。

ドグマ B

数学は常に正しいか間違っているかである

という思い込み！

'Maths is always right or wrong'

ナタリーの体験談

9歳のころ、ピックアップトラックに乗り、前の座席で両親の間に挟まれて座っていました。目的地までの距離を母に尋ねると、地図を見てマイルで距離を読み上げてくれました。ちょうどカナダでインペリアル法からメートル法に変わる頃のことでした。その時、母が見た地図は古いものでした。「km単位で教えてほしい」と私が言うと、母は電光石火の速さで答えてくれました。あまりの早さにとても驚きました。単位換算には、整数ではない何か複雑な数を掛ける必要があることを、切り替え前に何年もかけて学校の先生が表やきまりを繰り返し教えてくれていました。だから、単位を換算するには、頭で考えるのではなく、少なくとも鉛筆と紙は必要ではないかと思っていたのです。

母はすぐにやり方を説明してくれました。1.609のような換算係数をわざわざ使う必要はなかったのです。四捨五入して1.6と見れば、1＋0.5＋0.1と同じになります。そうすると換算がもっと楽になりました。40マイルならば、その半分と10分の

1(最後のゼロを取り除くだけ!)を足します。つまり40+20+4となります。40マイルは64キロに近いということです。この答えを父はスピードメーターで確認しました。私は感動しました。私たちは、さらにいくつか想像上の目的地を設定して母の方法を試してみました。

その日私が学んだのは、数学は正解を導き出すきまりごとがあるだけではなく、物事を理解するための道具であり、その道具を自分の好きなように使うことができるということでした。ある意味では64は間違った答えですが、別の意味では私たちが望む答えでした。母は私が学校で習っていたことと同じ操作をしていました。しかし、それを自分の目的に合った道具として使っていました。母は面倒な換算係数を丸めるだけでなく、1.6を新しいもの(1 + 0.5 + 0.1)に変えて、「有用性」という新しい力を与えていたのです。

「数学は正しいか間違っているかはっきりしている」というドグマは、人によっては救いであり安らぎとなります。常に変化し続ける世界では、信頼性があることは安心できます。必ず「40と20の和は60」で、「40の半分は20」になります。現在のポスト真実(post-truth)時代においては、政治的立場によってほとんどの事実が左右されるように思えるので、1つの答えになるという事実は心地良く感じることなのかもしれません。多くの時間をかけて問題に取り組み、解決に辿り着いた後、自分の結果が正しかったと知ることが満足感につながることもあります。

しかし、多くの人にとっては、数学と数学の教師や数学の教科書は、権威主義的に感じられます。それは、正解か不正解かだけでなく、正解を導くためのあらかじめ設定されているきまりがあるからです。次の引用が示唆するように、数学のきまりのようなものは、誰が数学を「得意」だと判断するかということを左右します。

> そして8日目に、神は数学を創造された。神はステンレスの鋼鉄を薄く延ばして、高さ40キュビト、長さ無限キュビトのフェンスをつくった。そしてこのフェンスには、決まり、定理、公理、注意事項などが、美しい大文字で印刷されていた。「逆数と倍」、「斜辺の正方形は片手の拍手より3デシベル音が大きい」、「常に括弧の中のことを最初に行う」。そして、最後にこう書かれていた。「フェンスの片側には、数学が得意な人がいる。そして、もう一方には、数学の苦手な人が残り、災いを受ける。彼らは泣き、歯ぎしりをする。」(Buerk、1982、p.19)。

結論から言うと、さまざまな方法でこのドグマに立ち向かうことは可能です。その前に、このドグマの由来や、なぜ現代文化、特に学校教育において、これほどまでにこのドグマが浸透しているのかを理解することは価値があります。

絶対的な真実(Truth)から文脈に応じた真理(truth)へ

数学的な真実の見方は、ユークリッドの『原論』(ドグマA参照)が示した演繹的な論理体系によって形成された部分が大きいと言えます。その理論は次のようなものです。まず、直観的に正しいと思えるような、いくつかのシンプルな仮定から始めます。これは、相性のよい、いくつかのピアノの音から始めるようなものです。次に、その仮定を組み合わせて、パターンを探します。これは、音を組み合わせてコードをつくり、そのコードからシーケンスをつくるような感じでしょうか。それから、この新しいパターンが基本となる仮定からどのように成り立っているのかを示すのです。つまり、ＣとＥの組み合わせがよい音で、ＥとＧの組み合わせがよい音だとわかっていれば、Ｃ、Ｅ、Ｇを弾けば、それもよい音になる新しい組み合わせになります。そしてそこから複雑なメロディーを作曲することができるようになります。音楽で曲をどんどんつくれるのと同じように、数学ではパターンをどんどんつくっていくことができます。

しかし、音楽では、よい音は時代とともに変化することが分かっています。また、ある文化の人々にとってはよい音でも、他の文化の人々にとってはあまりよい音でないこともあることを知っています。意外なことかもしれませんが、数学でも非常に似たようなことが起こります。基本となる仮定は、あくまでも仮定です。別の音の組み合わせは違うジャンルの音楽となるように、違う仮定から始めるとまったく違うパターンになることもあります。そしてそのパターンが実は矛盾していることもあります。これはまさに19世紀に数学で起こったことです。最初に、ユークリッドの作品であるユークリッドの「城」がありました。ところが、数学者が他の城もつくれることを発見したのです。城が2つある時点で、その真実を信じ続けることは非常に難しくなりました。真実として浮かび上がったのは、多くの真実が存在しうることだったのです。

具体的な例を挙げてみましょう。ユークリッドの城では、三角形の3つの角度をすべて測ると、その和が常にちょうど180°になります。しかし、球面上に三角形を描くと(球面幾何学)、三角形の角度の和は常に180°より大きくなり、それだけでなく三角形の大きさによって和の大きさも変化します。例えば、次の図のように、北極と赤道上の南米の点、アフリカの点を結ぶ三角形を地表に描くことをイメージしてください。北極からスタートし、「歩いて」南アメリカのポイントまで行って、90度回転して赤道に沿ってアフリカまで歩いていきます。そして、90度回転して、北極に戻ってきます。つまり、三角形の角のうち2つの和はすでに180°になっています。ましてや3つ目の角は90°をはるかに超え、180°になる可能性さえあるのです。一方、もしあなたが野原に描かれた三角形の周りを反時計回りに歩くと、その三角形の角度の和は180°よりほんの少し大きくなります。なぜなら、その三角形は実際には地球の表面の曲線上にあるからです。

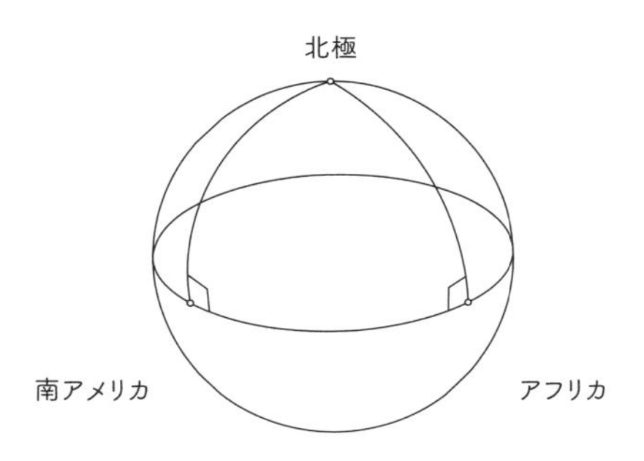

では、「三角形の内角の和が180°である」ということは、正しいのでしょうか。それとも間違っているのでしょうか。19世紀以前であれば、問答無用で正しいとなるのでしょう。しかし、それ以降は、「球面上ではなく平面上の三角形を指す」と仮定すれば、正しいということになります。つまりこの主張は、局所的には正しいけれど、全体としては正しくないということになるのです。別の言い方をすれば、真実とは偶発的なものであるということです。真実は、あなたがつくった仮定に依存するものなのです。この意味においては、すべての主張は仮定に依存するため、絶対的な真実(大文字Tの真実[▶01])は存在しません。ここでは2つの仮定しか定めていませんが、他にも多くの仮定があります(例えば、ドーナツ型の物体にも三角形をかくことができます!)。さらに、新しい仮定はすべて出尽くしたとも言いきれ

▶01 | 大文字のTruthは、時代を超えて不変であると考えられる絶対的・普遍的な真実を指す。一方、小文字のtruthは、文脈に固有であり、視点や解釈によって異なる可能性のある真実を指す。

ません。

私たちは、多くの子どもたちがこのような新しい幾何学(球体上の図形やドーナツ状の物体上の図形など)に出会うことがないことを残念に思っています。数学の高等教育課程を履修しない限り、絶対的な真実(Truth)と文脈固有の真実(truth)の違いに出会うことなく、12年間の数学教育を終えてしまうからです。

しかしながら、学校数学のなかには、それほど歴史的に劇的でないかもしれませんが、それでも偶然性の感覚を体現するような状況が他にもあります。例えば、自然数(1、2、3、4、……)を扱っていた段階から、整数(……-3、-2、-1、0、1、2、3、……)を扱う段階へ移行する場面について考えましょう。子どもたちはこれまで正しいと思っていた数に関する事実「小さい数から大きい数を引くことはできない」ことと矛盾する考えに、突然遭遇します。教師はおそらく「あなたはまだ若くて負の数を理解できなかったから、今まで嘘をついていただけです」とは言わずに、「自然数で計算していると仮定すると、小さい数から大きい数を引くことはできないのは正しいのです」と言うでしょう。このことは、どのような命題も、その立ち位置によって状況が変わることを理解させることにつながり、「数学は正しいか間違っているかどちらかだ」と考える子どもたちの考え方を変えることができるかもしれません。このようなことは、もっと年齢が上の子どもにしかできないように思われるかもしれませんが、子どもたちは「もしご飯を食べたのなら、デザートを食べてもいいわよ」というような親の忠告と闘いながら、とても幼い頃から仮定を立てる際に使用される「もし…なら…(if…

then…)の論理」を身につけています！

○――真実はまったくないのだろうか？

ユークリッド幾何学をめぐる混乱の後、20世紀に入り、数学者は数学が絶対的な真実の象徴とはもはや言えないと感じ、より確かな基盤として数と論理に目を向けました。幾何学が人間の感覚に縛られすぎているものだとしたら、算術は解釈に左右されにくいものなのかもしれません。このプロジェクトは失敗し、数学的真理という考えそのものを脅かす、さらに大きなドラマを数学にもたらすことになりました。1931年に起こったことです。

このドラマは次のことに集約されます。たとえあなたがどんな仮定を思い付いたとしても、どんな仮定にも、証明も反証もできない説明や主張、他のパターンが存在することになります。このことは、数学者にとって怖いことです。それだけではありません。真実と思われるすべてのパターンが、ある時点で矛盾しないと確信することは、不可能であることも判明したのです。これは数学者にとっては、辞書である言葉を調べても、それが本当に言葉なのかどうかがわからず、同時にその言葉の定義が他の言葉の定義と矛盾しているのかどうかもわからないというような感じになることなのです。絶えず変化し、絶えず進化する言語の世界では耐えることができるかもしれません。けれども、この状況は絶対的真実に到達する可能性に制限をかけてしまうことになるため、数学的幻想に打撃を与えました。

先に進む前に、数学者クルト・ゲーデルの研究が引き起こした、1931年のドラマの意味を踏み外さないようにしたいと思っています。数学者はまだ、定理を証明するときは、「真」を証明しているのだと強く信じています。さらに、数学者はその証明が可能な限り真であることを保証するために、多くの技法と実践を開発してきました。「絶対に正しい」と断言することはできなくなりましたが、「非常に説得力がある」とは言えるのです。数学者同士は、数学的な記述について、他の多くの専門職よりも、意見が一致しています。このため、多くの数学哲学者たちは、数学の真理とは極めて信頼性の高い推測であり、常に多くの人々によってさまざまな状況で検証され、妥当性が確認されるものだと表現してきました。

したがって、2＋2が4にならない状況は、数学の中(数学の中では、例えば、4進法では、0、1、2、3の4つの数字だけを使い、位取りによって1、4、16などの数の大きさがわかります。これは10進法で位によって1、10、100などの数の大きさがわかるのと同じようにです。このとき、3の次の数は、「10」となります。なぜなら、4のまとまりが1つ、1のまとまりが0だからです[★01])でも外(また、数学の外では2個のオレンジと2個のリンゴは4個のリンゴや4個のオレンジ、あるいは4個のリンゴやオレンジにはならないと言えます)でも見つけることができますが、数学のワークシートで4が望ましい答えだということは、否定できません(とはいえ、子どもが「何進法かによる」と答えたら、喜んで

★01 | つまり、0,1,2,3,4,5,6,7,8,9,10,11... という十進法の代わりに、0, 1, 2, 3, 10 (4x1 + 0), 11 (4x1+1), 12 (4x1+2), 13 (4x1+3), 20 (4x2+0), 21 (4x2+1), 22 (4x2+2), 23 (4x2+3), … となります。

満点をあげたいところです！）。次の節で説明しますが、正しい／間違っているのパラダイムに当てはまらない、子どもを巻き込みたくなるような数学的活動はたくさんあります。

今はひとまず、右か左かの二元論が、二つの側面を持つバランスをとるものとしてどのようにイメージされるのか考えてみましょう。正しいのか、間違っているのか。両方か、どちらか一方か。天秤は、男性か女性か、心か体か、文化か自然かなど、多くの二項対立のイメージに当てはまります。より広い意味で言えば、私たちがこの世界を理解するために使う天秤のイメージ、物事には2つの側面があり、それは互いに異なる、あるいは互いに対立していると考えることを促します。この天秤のイメージに挑戦するために、私たちは天井に吊るしたモビールのイメージを呼び起こします。モビールのイメージは、物事には2つの側面だけでなく、3つ、4つのものがあると考えることができるかもしれません。このように捉えることで、正しいか間違っているかだけではなく、他のことも認めることになるかもしれません。40マイルを64キロに換算するように、物事は適切であることもあれば、三角形の内角の和のように、物事は偶発的であることもあるのです。

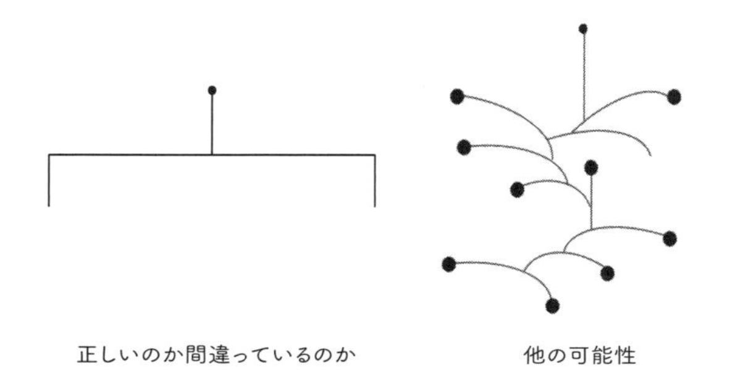

○──答えを与えることから、問いかけることへ

スティーブン・ブラウン（Stephen Brown）とマリオン・ワルター（Marion Walter）は、著書『いかにして問題をつくるか：問題設定の技術』の中で、数学をする上で最も重要なことのひとつは問題を設定することであると主張しています（Brown & Walter, 2005）。私たちは数学の授業で問題解決に慣れ親しんできましたが、最初に設定されなかった問題を解決することはできません。もし子どもが、冒頭の引用にあるように数学は天から降りてくるきまりに従うものだと感じているとしたら、それはおそらく、数学の授業における権威者である教科書や教師から出された問題を解くよう求められたことしかないからではないでしょうか？　問題の解答が正しいか間違っているかは判断できるかもしれませんが、問題そのものにこのような二元論の論理を用いることはかなり難しいことだと思います。次の問題はゴールドバッハの予想[▶02]と呼ばれ、18世紀の数学者、クリスチャン・ゴールドバッハにちなんで名づけられました。まだ証明さ

れていないため、定理ではなく、予想と呼ばれています。ぜひ試してみてください。

4 =2 +2

6 =5 +1

8 = 5 +3

10 = 5 + 5

12 = 7 + 5

…

100 = 53 + 47

…

この予想が「よい」とされているのは、簡単に説明でき、しかも、ほんの少し試してみるだけで、これが真であるように思えるからです。数学者たちには、これほど単純であるにもかかわらず、証明するのが非常に難しいという点が気に入られています。

ブラウンとワルターが行ったことは、「what-if-not?（もし～でなかったら）」という手法を使って、いかに簡単に（そして楽しく）自分で問題を設定できるかということでした。たとえば、ゴールドバッハの予想では「偶数」の代わりに、「奇数」（もし偶数でなかったら）を使ってみるということかもしれません。奇数になったとき、素数の和を用いてどんなことが言えるでしょうか。試

▶02｜ゴールドバッハの予想とは次のようなものである。「すべての2より大きい偶数はすべて二つの素数の和で表すことができる。このとき、二つの素数は同じでもよい（例えば、4=2+2、6=3+3）」

してみましょう：

$$5 = 2 + 3$$

$$7 = 2 + 5$$

$$9 = 2 + 7$$

11 = ~~2 + 9~~ = ~~3 + 8~~ = ~~4 + 7~~ = ~~5 + 6~~

11になる和はすべて少なくとも1つの素数ではない数を含んでいます。まあ、11で失敗しているので、どうやらこの新たな予想は正しくないようです。けれども、こんなこともできます：

$$11 = 2 + 2 + 7$$

$$13 = 3 + 3 + 7$$

$$15 = 5 + 5 + 5$$

$$17 = 5 + 5 + 7$$

$$19 = 5 + 7 + 7$$

ここまでは順調です。これらの奇数は、3つの素数の和として書くことができます。このことは99や101でも通用するのでしょうか？

問題を設定すると、ついつい夢中になってしまうものです！そして、これこそ数学者がやっていることです。数学者はいろいろな表現をして、それを試し、パターンを見つけては予想し、それを証明しようとします。教科書や先生の問題を解くより、自分で考えた問題を解く方がずっと面白いと思う子どももいます。さらに重要なのは、自分で問題を出すことで、子どもは問題がどこから来るのかを理解することができ、自身の数学的理解を深めることができることです。例えば、素数の和をつくるには、素数がスラスラ出てくるような感覚を養う必要があることに気づきます。

問題設定は、いわゆる実世界の状況でも行われることがあります。例えば、小学生の子どもによく出される問題として、次のようなものがあります。「ボニーは24メートルの柵を用意し、できるだけ広い囲いのある長方形の庭をつくりたいと考えています。彼女の庭の大きさはどのくらいになるでしょうか」。この問題を厳密に数学的な意味で解くには、周りの長さと面積を扱うことになります。庭の周囲が24メートルと決まっている場合、長方形の各辺の長さが6メートルのとき（正方形のとき）が一番広い庭となります。

しかし本物の庭を考えてみることで、新たな問題を想起するかもしれません。

例えば……

- もし長方形でなかったら？　他にも庭に適した形があるでしょうか？
- 面積が最大でなかったら？　もしかしたら、ボニーは自分の用途にちょうどいい大きさの庭を持ちたいから、可能な最大サイズよりも小さいものを希望しているのかもしれません。
- 隣人があと3メートル余分にフェンスをくれた場合、ボニーはどうすべきでしょうか？
- ボニーの土地に、注意しなければならない障害物がある場合はどうするのでしょうか？

子どもたちは、このような問題を提起することができますし、求められれば質問するでしょう。そしてすべての問題について新たな問題をつくりだす可能性があります。このような新しい問題は、完璧な数学の公式やテクニック（外周の計算や面積の最大化）が、現実世界の問題を解決するには不十分であることを示すものであり、それは私たちが非常に高く評価していることのひとつです。このような問題は、より複雑であることが多いため、正誤という単一の軸で解決できるものではなく、植物学的、審美的、倫理的なものなど、他の考慮事項も含まれる可能性があります。

○──異なる問いを投げかける、異なる方法できく

学校数学の正しいか間違いかの論理のほとんどは、特に小学校レベルの算術に結びついています。そして、算術では、具体的に受け入れられる答えが1つである問題が、非常に多く存在することも事実です。教育者の中には、複数の解を持つ問題を子どもに提示することで、正しいか間違いかの論理に代わる有用な選択肢を提供できると指摘する人もいます。例えば「12と14の積を求めなさい」という問題では、その解決のために、子どもたちは長い掛け算を使うかもしれません。知っている「12×12」をもとにして「12×2」を足すかもしれませんし、「10×14」に「2×14」を足すなどして、積をより簡単なものに分けるかもしれません。このように、子どもの強みや経験に合わせてさまざまな戦略をとることで、問題にはさまざまな考え方があることを知ることができるのです。このほうが、1つの決めら

れた方法に従うという考えよりも、疎外感を抱かないかもしれません。さらに、「12×14の積はいくつですか」という問いから「12×14をどうやって計算しますか」という問いに変えるだけで、正解が1つの問題から、複数の方法が使える問題に変わります。

問いを転換することは、正しいか間違いかという思考の重圧を軽減するための効果的な戦略のひとつです。もうひとつは、きき方を「聞き出す(Listen for)」のではなく、「一緒に耳を傾ける(Listen with)」ようにすることです。「聞き出す」きき方は、教師は子どものある反応を期待しており、子どもの反応はその期待を満たすか満たさないかのどちらか一方になります。子どもからすると、教師の考えを当てるように言われているかのように感じることもあるでしょう。これでは推論を誘いません。「28×28は何ですか」という問いは、教師は「784」を聞き出そうとしており、子どもの答えが「56」だとしたら、教師の返答は「それは不正解です」と評定的になります。

これに対し、「一緒に耳を傾ける(listening with)」きき方は、子どもの反応に合った論理を組み立てようとするものです。この場合、先ほどの子どもの発言に対しては、教師は「56は確かに28と28の和ですね。」と言うかもしれません。このようなやり取りは、即興演奏のゴールデンルール、「イエス、そして〜」によく似ています。ペアで即興演奏をしていて、パートナーが何かを言ったときに、「ノー」とか「それは間違っている」とか「もっと違うやり方があったはずだ」と言うことはできません。その代わりに、あなたは一緒に演奏し、行われたことを折り込み、耳を傾けて、応答しなければなりません。

一方で「一緒に耳を傾ける」とは、子どもに間違いを伝えないようにすることではありません。そうではなく、子どもの思考が妥当である条件について理解させ、元の問いに対する妥当な回答へと導くためのフィードバックを提供することなのです。このように状況を把握することは、簡単なことではありません。例えば、先ほどの問いに対する子どもの回答が「464」だった場合、教師はその回答に至った経緯について子どもにもう少し情報を求めるかもしれません。この場合、その積を20×20と8×8の2つの積の和に分解することは、決して珍しい方法ではないはずです。「その掛け算では無理だよ」と言う代わりに、「この正方形のグレー部分の面積を求めるならそうなるね」(下の図のように、グレー部分ではない長方形はどんな積になるのだろうか)と、共感しながら聴くことができるかもしれません。

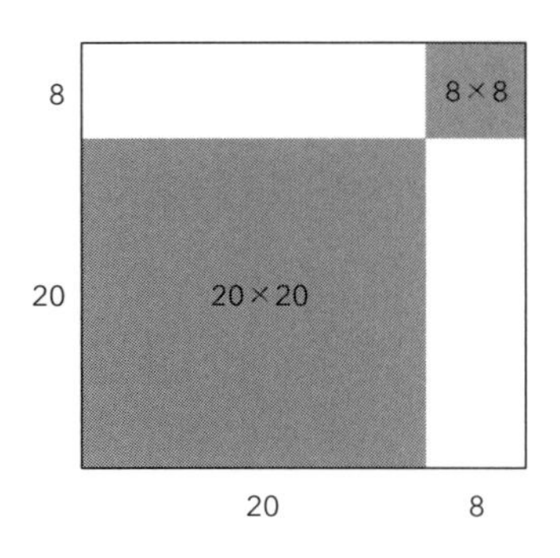

また、子どもが10未満の数の積に慣れているならば、「もし(if) 28×28＝464なら、(then)11×11＝101になりますね。」(11

を10＋1として考える場合)と言うのも応答するひとつの方法です。子どもの返答に合う質問を見つける代わりに、子どもの返答の論理を、より馴染みのある状況に持っていきます。11×11のような積の因数を10×10＋1×1の和に分解してもうまくいかないことを、すでに知っていることに気づかせるのです。

この「一緒に耳を傾ける(Listen with)」の実践では、子どもたちの思いがけない反応を表現するためによく使われる「誤概念(misconception)」や「間違い」という言葉から、意図的に距離を置いています。他の研究者も論じているように、「誤概念」という言葉の問題点は、子どもたちが他の問題を解決するために使ってきた効果的な習慣や戦略を十分に認めていないことにあります。そのため、教師が誤った回答を正しい回答に置き換えたくなることにつながる可能性があるのです。このようにすると少なくとも表面的には、介入した瞬間にうまくいくこともあります。「一緒に耳を傾ける」きき方では、問いとその反応が互いにどのように変調するかに注目します。そうやって、子どもたちが過去にうまく使ってきた習慣や前提を引き出すと同時に、今取り組んでいる新しい状況を理解することを手助けします。実際、28×28＝464の場合、20×20と8×8の2つの積を求めることは、実りがあり、解答の一部となり得るのです。

○――算術から幾何学へ

また、正しいか間違いかの論理を伴わない実のあるアプローチとして、カリキュラムの幾何学の部分に焦点を当てることがあります。幾何学は、「難しい」算術と対照的に、小学校の学年末に残され、「楽しい」ものとして扱われることが多いです。幾何学はもちろん楽しくできるものですが、それだけでなく、子どもたちに算術の学習をサポートする考え方を紹介し、事実と仮定がどのように結びついているのかに触れさせることができるものです。

もちろん、幾何学には多くの「事項」が存在します。例えば、3辺を持つ多角形を表す英語はtriangle（三角形）であることは事項です。けれども、図形の名前を覚えることと、幾何学をすること（doing geometory）は別なのです。2年生の子どもたちに、下の図のような形を見せることを想像してください。

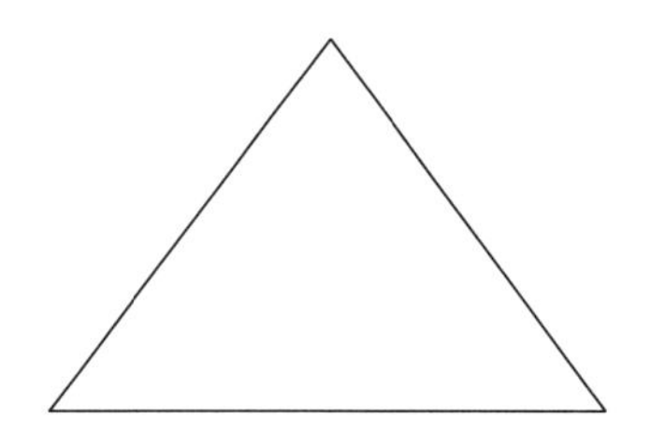

ほとんどの人は、学校以外でも三角形を見たことがあるので、すぐに三角形だと言うでしょう。しかし、図形の名前を知っているだけでは、幾何学はできないのです。この2枚目の図を見せるといいかもしれませんね。

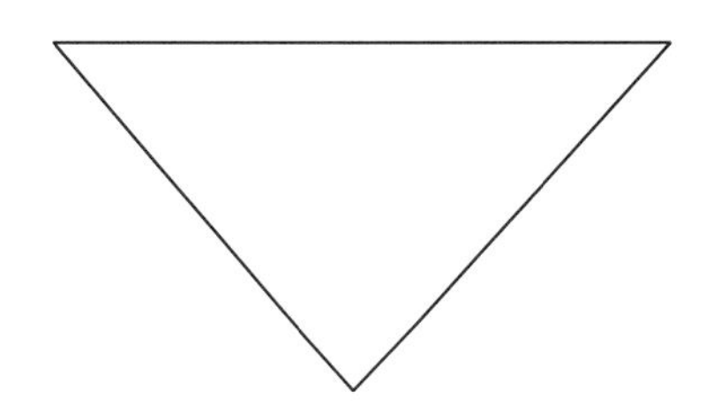

多くの子どもは、新しい形は「逆さまの三角形だ」、「三角形ではない、逆さまの三角形だ」と言うでしょう。「本当の三角形になるためには、逆さまにする必要がある」と提案する子どももいるかもしれません。つまり、最初に見た図形を基本として、同じ向きの三角形にしたいのです。これで幾何学が始められます。「では、本当の三角形とは何か」と問うことができるからです。そして「3つの辺がつながっている」と言う子どもがいるかもしれません。これは1つ目のイメージにも、2つ目のイメージにもぴったりな表現です。このことを指摘すれば、中には、2枚目のイメージが確かに三角形であることを、渋々と受け入れる子どもたちも出てくるでしょう（ただし、2枚目の図よりも1枚目の図の方を好み続けるかもしれません！）。一度種をまいてしまえば、幾何学的な思考を続けることができます。そこで、3枚目の図を見せます。

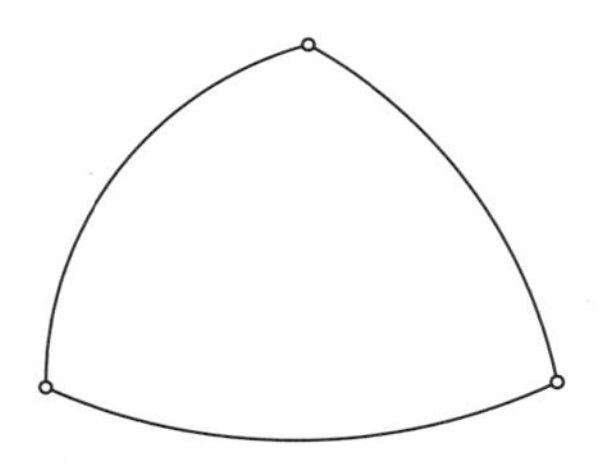

ほとんどの子どもは、これを三角形として受け入れようとはしないでしょう。そうであるなら、これまでの定義を「直線で結ばれた3本の辺をもつ」というように修正する必要があります。さらにもう1つ別の図を見せます。

「これは三角形ではなく、棒だ」と言う子どももいるかもしれません。でも、「これはやはり直線で結ばれた3本の辺をもつ」ということに気づく子どももいるでしょう。探究は子どもたちが日常生活で見たことのないようなさまざまな三角形を例に挙げながら続けることができるのです。これは時間がかかるプロセスかもしれません。なぜなら、子どもたちが、見た目がまったく異なるものを同じ名前で呼ぶことを学ぶからです。フランスの数学者アンリ・ポアンカレは、このことが「数学の本質」だと言っています。さらに先に進むことができます。頂点の1つが反対側の線分に重なって、三角形が平らになったらどうでしょうか？　これはまだ三角形なのでしょうか？

このアイデアに猛烈に反対する子どももいるでしょう。もしくは、検討してもいいと思う子どももいるかもしれません。何らかの理由を一方的に提案する子どももいるかもしれません。誰かが、上から見るのではなく、「横から見るとイメージすれば三角形になる」と言うかもしれません。また「3つの頂点と3本の辺があるが、たまたま重なっている」と、柔軟な表現をする子どももいるでしょう。

ここで言いたいポイントは、ここではもはや正しいか間違いかの領域にはいないということです。なぜなら「三角形」という言葉をどう定義したいかを考えているからです。ある学級では「三角形は3本の直線によってできた辺がつながっていたり、重なり合ったりしてはいない」と決めたこともあるそうです。言い換えると、イメージと言葉を共有して、定義に合意することがポイントなのです。これは、正しいか間違いかというよりも、ある形についてさまざまな例を挙げ、その例を含めるか、含めないかという理由を考えることなのです。このような経験は、子どもが「定義は天から与えられるものではなく、交渉による探究なのである」ということを理解することに役立ちます。

幾何学は、言語と図の相互作用を伴うことが多いため、このような方法で定義に取り組む上で、特に肥沃な土地となり得ます。図形は常に特殊なもの(ある特定の三角形または別のもの)であるため、一般化を隠すことが容易にできます。例えば、70ページに示された最初の三角形では、特定の1つの三角形に過ぎないとわかっていても、三角形のテンプレートとみなされやすく、子どもたちが「三角形は必ず『右上がり』でなければならない」とか、「三角形の一辺は必ず水平でなければならない」などと一般化してしまうことを助長しかねません。

幾何学に携わることは、さまざまな考え方、特に視覚的でダイナミックな考え方を教室に取り入れます。そして、素早く数値的に考える方法は、通常よりも支配的でなくなる効果もあるのです。そうすることで、子どもたちは、人によって数学の「得意」が違うことを認めることができます。これは教室内だけでなく、プロの数学者の間でも同じことが言えます。幾何学的なアプローチでアイデアの類似性やつながりを探す人もいれば、緻密で解析的なアプローチを好む人もいます。どちらも数学領域の研究を進める上で必要なものです。

さらに言えば、数学自体がそもそも多元的なものであり、どんな概念についても多くの考え方があるのだから、より幾何学的なアプローチやよりダイナミックなアプローチが常にあり得るのです。先ほど、例として28 × 28について、より幾何学的な考え方を提示しました。同じように、足し算や引き算も、数直線という考え方で幾何学的に考えることができ、異なる数同士の関係や操作の仕組みを視覚的にイメージすることができます。例えば、「13 − 24」を考えるとき、純粋に数値で考え、24を13 + 11に分解して差を求めるかもしれません。しかし、多くの人がイメージするのは、数直線の13の点があり、0やその先に向かって24回ホップして逆戻りするようなものです。数直線は、位置を視覚化する方法と、演算するための道具(この場合、引き算)となります。引き算は線に沿って左に向かってホッピングする動的なプロセスとなり、逆に、足し算は右に向かってホッピングするプロセスになります。

研究文献の中では、幾何学とはあまり関係のない文脈でも、空間的推論が数学的思考の非常に重要な側面であることが徐々に明らかになっています。空間的推論とは、頭の中で物を思い浮かべ、それを移動させ、自分も移動させるというものです。例えば、数直線と、数直線上に立つ人がいて、その数直線に沿って前に進んでいく様子を想像してみてください。また、自分自身が数直線上にいて、相手が自分から遠ざかっていくのを見るというイメージでもいいかもしれません。空間的推論に長けている子どもは、同級生よりも成績が良い傾向にあります。空間的推論は柔軟であるため、私たちは教師として子どもたちが空間的推論を実践し、向上するのを手助けする可能性のある多くの機会を用意することができます。数直線上を飛び跳ねる様子を想像させたり、自分で数直線を描き、それを使って演算のモデルをつくったり、数直線を左右に伸ばしたり、1と2の間にあるものを拡大したりして、どのように見えるかを説明させたりするのです。このような活動は、正しいか間違いかということよりも、意味や自信を与えるのに役立つ精神的な力を養うことを目的としています。

この章を通して、私たちは、解答のみに焦点を当てた正しいか間違いかの二元論から、関係的な見方(the relational view)にシフトしようとしています。関係的な見方とは、解答の不確実性に焦点を当てるもので、ある答えがある前提でどのように正しいか、ある質問とどのように整合しているかを考える見方です。これは、問題に対する考え方、特にイメージや視覚的なモデルを使った考え方の可能性にも広がります。ここでは、解答にこだわるのではなく、問題を解決するために使える道具にこだわります。子どもが「これを考えるのに、図が使えますか」と訊いてきたら、子どもの意識をより生産的な思考法に移すことに成功したことがわかるでしょう！

実践編 B

記号的[03]構造環境

Symbolically structured environments

子どもたちを数学的な問題解決に従事させることは、本当に価値のあることです。これらの問題は、教科書の練習問題よりも複雑であることが多く、時には明示的に教えられていない方法が必要とされることもあります。問題解決環境（a problem-solving environment：PSE）とは、子どもがすでに知っている方法を適用しても解決できないような挑戦的な問題を与えられる環境です。この章では、子どもに数学的なルールを与え、そのルールを使って新しいパターンを見つけてもらう、記号的構造環境（symbolically structured environments：SSEs）を紹介します。

ここで、PSEとSSEsの違いについて類推するための例を挙げます。PSEはテニスの試合のようなものです。ネットで仕切られた1人のプレーヤーがもう1人のプレーヤーと対戦します。一方のプレーヤーがボールをコートの反対側に送ると、もう一方のプレーヤーはそれを相手側のコートに打ち返すか、ミスをするかします。テニスコートの場所によっては、屋外コートを囲むフェンスを越えて、ボールが遠くまで飛んでいくこともあ

▶03｜記号（symbol）とは、数学的関係や演算を示す記号のことである。

ります。スカッシュの試合は、SSEsに近いです。サーブの後、一方のプレーヤーがボールを打つときは、まず正面の壁に触れなければなりませんが、その後、一定のラインの間で他の壁にバウンドさせてから、もう一方のプレーヤーが打つことができます。ボールはコートの範囲内にとどまり、プレーヤーが打ち損なってもボールが遠くへ行くことはありません。

「聞き出す(Listen for)」と「一緒に耳を傾ける(Listen with)」の考えに戻ると、前者では子どもの反応はテニスボールのようにコート内で打つか打たないか、つまり正しいか間違いかのどちらかであることがわかるでしょう。しかし、スカッシュの場合、ボールはいくつもの異なる壁にぶつかり、それぞれがバウンド、跳ね返り、方向転換などその道のりに寄与します。相手のプレーヤーはボールと壁に耳を傾け(Listen with)なければなりません。

私たちは、記号的構造環境はスカッシュコートのようなものだと考えています。なぜなら、スカッシュコートは制約のある場所であり、相手選手だけでなく、壁や床からも多くのフィードバックが与えられる環境だからです。つまり数学そのものが語りかけてきます。数学者のフランシス・スー(Francis Su)(2020)が書いていますが、このような呼びかけと応答は、多くの演奏形態で発生します。例えばジャズのように、ある楽器の演奏が他の楽器の演奏に呼応するようなものです。私たちは、これを問題が解決するか、しないかという視点でテニスコートに近い問題解決環境の多くの事例と関連づけて考えました。この場合、教師が唯一のフィードバックメカニズムであることが多く、解決策がコートの枠を超えることもあります。

もちろん、テニスもスカッシュも素晴らしい競技です。私たちは、ある競技を他の競技より優遇させるために、新たな二元論を設定しているわけではありません。むしろ、特に数学的な主張と行動の偶発性を支える方法として、記号的構造化環境(SSEs)が、どのように感じられ、どのように機能するのかを強調するために類推的な方法を使用しています。SSEsでは、壁はむしろ何らかの記号によって示された数学的な構造のようなものです。SSEsの中では多くの行動が可能であり、ほとんどすべての行動に対して、システム全体へのフィードバックを提供するような反応に出会うことができます。

まず、「数学は正しいか間違っているかどちらかだ」というドグマに関連する、SSEsでの活動の具体的な特徴について概説します。第一の特徴は、SSEsを使うことで、子どもの答えが正しいか間違っているかだけでなく、質問が答えにどう合っているか、あるいは一般化が仮定にどう合っているかに注目することができることです。私たちはこれを、数学の関係的な見方と捉えています。二つ目は、SSEsは、数学そのものからだけではなく、すべての子どもから質問や思考を引き出すことができることです。権威者である教師が授業を主導する通常の方法とは違います。以下はその例です。

◯――ピックの定理

教師が格子点上に描いた2つの図形を、スクリーンに投影して示し、「これは両方とも8ドットの図形です」と言います。

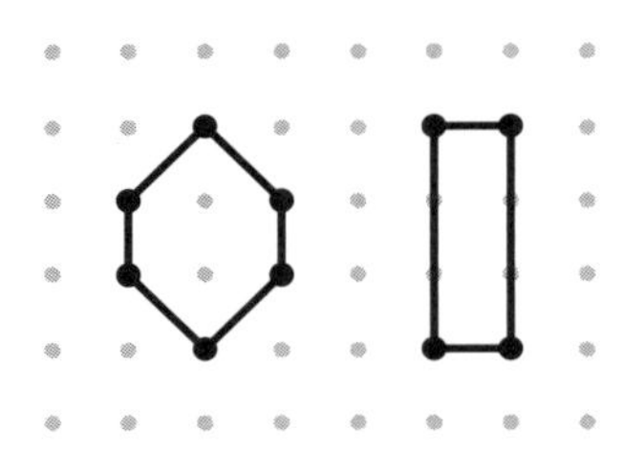

教師は続けて、「誰か、違う8ドットの図形を描いてください」と言います。児童が黒板に集まり、教師は理由を説明することなく、それぞれの図形が8ドットであるか否かを示します。

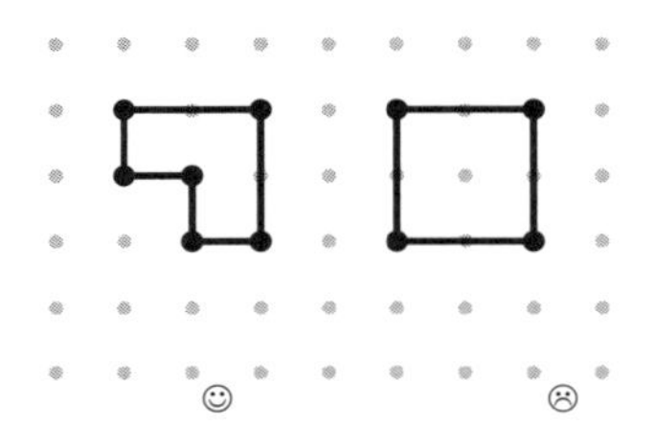

この目的は、児童が、図形の内側と外側の点の数を合計することで、このラベルがつくことに気づくことです。説明するとかえって混乱するので、教師は、子どもたちが自分自身でやってみるよう勧めます。子どもたちが何を描くかわかりませんが、教師はその都度フィードバックすることができます。教師は、子どもたちが「8ドットの図形」の理由を説明できるようになるまで、新しい形を描かせ続けます。上図の右側の形は、「9ドットの図形」に分類されます。

ピックの定理は、正方形の格子点(等間隔に配置されている点)上に描かれた多角形の面積を求めるために使われます。そして多角形のもつ3つの特徴を結びつけます。子どもたちは、例えば、1つの特徴を固定し、他の2つの特徴を変化させるなど、複数の関係を扱う活動をすることができます。この定理は、Aを図形の面積、Iを内側の点の数、Bを境界の点の数とすると、$A = B/2 + I - 1$となります。

Banwell、Saunders、Tahta(1986年)の『Starting Points』という本に、この定理の探究への入り口が書かれています。ここでは、教室での活用例をご紹介します。これは、筆者アルフが以前勤めていたイギリスの学校の8年生のクラス(12〜13歳)で行われた授業を再構成したものです。

教師は子どもたちに図形を描いてもらい、その横にI(内側の点の数)、B(境界の点の数)、A(図形の面積)を書いてもらいます。子どもたちは「面積」という概念を知っているでしょうけれど、それについて再確認する必要があるかもしれません。クラス全員で協力して、ボードに描かれた図形の3つの値(I、B、A)をそれぞれ求めます。

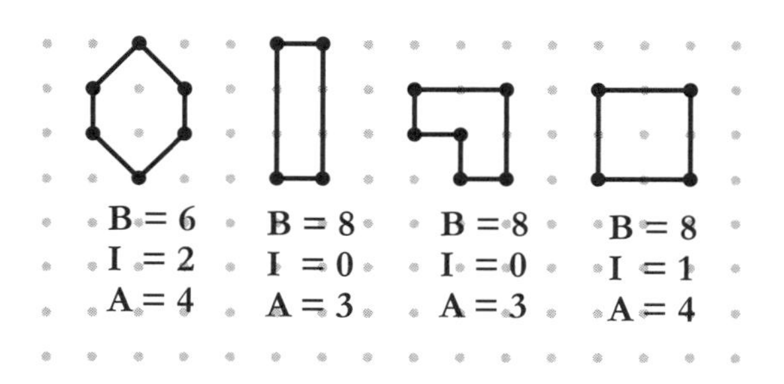

この活動がSSEとして機能するのには、いくつかの理由があります。まず、提示された記号のB、I、Aに注目してください。図形について探究できることはたくさんあるはずですが、教師は行動と思考のための十分なスペースを確保しながら空間を囲む方法として、これらを「壁」として提供したのです。これで子どもたちはどんな図形でも、B、I、Aの値を決めることができるようになったのです。教師ではなく、図形そのものが価値を主張するのです。これらの記号について、多くの推測が可能であるため、状況は実りあるものになったといえます。

すべての情報を収集した後、教師はこう言います。「さて、ここに描かれた形を見てください。何か気づくことはないですか？　同じところは？　違うところは？　予想できますか？　もしくは質問がありますか？」

ジョーダン：どれも直線のあるものばかりです。

先生：いいですね。この課題のルールのひとつです。すべての描いた図形が直線であること。

アリス：面積は3か4です。

先生：そう、ここにあるすべての図形は、面積が3か4なんです。では、誰かこれを問題か課題にしてくれませんか？

マイク：面積はいつも3か4なのだろうか？

先生：素敵ですね。では、これを課題として、面積が3や4でない8ドットの図形を見つけられるでしょうか。（これをボードに書き込む）

アビ：内側がゼロの場合、面積は3です。

先生：さて、このプロジェクトで最初の予想がつくられました。アビさんもう一度言ってもらえますか。書き留めます。ただし、これは8ドットの形に限ってのことです。

（アビはこれを繰り返し、教師はそれを黒板に書く「アビの予想：8ドットの図形について、I＝0ならA＝3である。」）

先生：では、アビさんの予想をどのように確かめればよいのでしょうか？

教師は、子どもたちが何に気づくかを知ることができないので、「聞き出す(listen for)」のではなく「一緒に耳を傾ける(listen with)」必要があります。子どもたちの発言から、問題に関連した課題をクラスで設定することもできます。疑問や課題、予想につながるものであれば、何を言ってもいいのです。ボールはあらゆる壁にぶつかり、リバウンドが生まれます。教師は、子どもたちの発言が、どのように他の子どもたちにとっての課題となりうるかについて注意を払っています（例えば、上記のアリスとアビのコメントなど）。

子どもたちの名前と予想を結びつけることで、予想は観察や行動から生まれるものであり、有名な数学者や才能のある人だけが行うものではないという考えを強調することができます。この段階で、授業では個別またはペアでの活動を設定することができます。クラスをグループ分けして、気づいたことを話し合う時間を計画します。個人活動の最初の段階で、次の表のように、結果を収集する方法を確立することができます。子どもたちは、新しい形を見つけると、ボードに寄ってきて書き足していきます。表の構造は「8ドットの形が内側に持つことができるドットの最大数はいくつですか？」などの問題を生み出します。その過程で、「8ドットの図形とは何か」という定義を共有し、さまざまな例を挙げていくことで、子どもたちが共通の特徴を理解しやすくします。いったん8ドットの図形が定義されれば、9ドットの図形を特定したり、つくったりすることは簡単に思えるでしょう。

8ドットの図形		
B	I	A
8	0	3
6	2	4
8	0	3
7	1	3.5

お気づきかもしれませんが、この活動にはいくつかの数学的な内容が含まれていました。次のようなものです。

- 面積と周りの長さの区別、正方形を数えずに図形の面積を求めること、長方形の半分としての三角形の面積を求めること、複雑な複合図形の面積を求めること
- 数学的思考の機会
- 「8ドット図形」「9ドット図形」などの面積を予測すること、予想を立てること、予想を検証すること、反例を見つけること、代数を用いて予想を表現すること、3つの変数の関係を見つけること

ここにおいて、テニス／スカッシュとPSE／SSEの類推を通してさらに詳細な説明をすることができます。いくつか重要な特徴があるのです。PSEでは、解決すべき問題は1つであることが多いのですが、SSEでは、一連の活動から解決すべき問題が浮かび上がってきます。同じようにテニスでは、ボールがネットを越えていく方向は1つですが、スカッシュではボールがいくつもの壁に跳ね返され、方向を変えながら移動する可能性があります。PSEでは、解答が正しいかどうかを外部から判断することが多いため、フィードバックはほとんどありませんが、SSEでは、数学的なシンボルに関連した活動からフィードバックが与えられます。テニスでは、たいていの場合跳ね返る壁はありません。一方スカッシュでは、閉ざされたコートがバウンドを促し、しかもボールの動きは壁とボールの関係に左右されます。

○――記号的構造環境において

ある意味、数学そのものが定義された記号と制約をもつ体系であると言えます。定義されており、制約をもっていても、新しいものや思いがけないものを生み出すことができます。だから数学者は今も発見を続けているのです！　同じようにピックの定理について、子どもたちはさまざまな予想を思いつくかもしれません。重要なのは、それらが「ゲーム」の制約の中から生まれることです。SSEsは、数学的なルールに縛られるとともに、新しいパターンを受け入れることができます。ここでは、SSEsの特徴をいくつか紹介します。

1. 記号は行動や区別を表し、何をすべきか、何を探すべきかを教えてくれます。ピックの定理の例では、IとBは、子どもたちに(内側または境界線上の)点を数えること、形の違いを探すことを伝えるために使われます。
2. 記号の使用は、環境の構造に埋め込まれた数学的制約に制御されています。つまり、記号の使用規則を暗記する必要はなく、SSEからのフィードバックを使って、必要に応じて、実行したり修正したりすることができます。この例では、制約の1つが、図形が正方形の格子点上にあることで、これによって3つの値I、B、Aの間に見出されるべき関係が確かになるのです。
3. 記号は、即座にその逆と結びつけることができます。単独で教えられることはありません。この例では、結果を表にまとめることで、子どもたちは図形の面積を求めることから、(表の欠けている行を埋めるために)与えられた面積をもつ図形を探すという逆の課題へと移行しています。
4. 複雑さは制約されることがあります。ルールはあるけれども、自由度は高いのです。この例では、子どもたちが最初は8ドットの図形だけに注意を向け、その後、他の数のドットにも視野を広げています(それでも、子どもたちが一度に特定の数だけに注目するよう制約を与えます)。
5. 新しい記号的な動きが生まれます。この例では、子どもたちは8ドットの多角形の実際の形は、実に多様な(一般的な多角形、凹型の多角形など)であるという新たな記号的関係に気づきました。

SSEで、教師が焦点を当てるのは子どもたちの数学が正しいか間違っているかということではありません。子どもたちがパターンに気づいて活気づく一方で、教師の関心は、彼らのアイデアが疑問や推測に変わり、他の子どもたちの活動の指針になるかどうかに向けられているのです。子どもたちが「8ドットの多角形とは何か」という自分なりの感覚をもって取り組んでいる間、教師の関心はそこで行われている会話にあり、子どもたちが推論しているか、他者の推論を聞いているかという点にあるのです。

この視点は、教師が子どもの貢献について詳細に繊細に耳を傾けることを求めます。この例では、教師は(「正しい」答えという意味で)特定の反応を聞いているのではなく、特定の種類の例(正しい「種類の」答え)を聞いているのです。環境に慣れておくことが重要で、そうすることで次に何が起こるかを心配することなく、子どもたちの発言の種類に集中できるようになります。ここにパラドックスがあります。初めてのSSEで授業をするのは大変なことです。しかし、そのような環境の中で安心して教えられるようになるには、それを使うしかありません。ピックの定理の例の教師は、このような環境での授業経験が豊富であり、子どもたちに指示を出すというよりも、むしろ出来事を指揮する役割(例えば、いつ子どもたちが他の点の図形の観察に移ればよいかを判断するなど)を、余裕をもって担うことができたのです。

SSEでは、正しい／正しくないの判断が適切な場面と、偶発的な思考がより価値をもつ場面があることに注意することが重要です。例えば、8ドットの図形は教師が紹介したもので、子どもたちがその意味を理解する術がないため、どの図形が8ドットの図形に該当するかを教える必要があります。Hewitt(1999)の言葉を借りれば、8ドットの図形は、別の方法で定義することができたので、恣意的な数学とみなされるものの一部となります。というのも「ドグマB」の三角形の話のように、何かを知るための最良の方法はいろいろな例を見ることであることが多いからです。ピックの定理の実践の場合、教師はゲームを進めるのに相応しいだけの評価的なフィードバックを与えました。その後、教師が記号や表を提供し、子どもたちの考えを明確にする手助けをし、反例について考えるよう促しながら、数学からのフィードバックへと変わっていきました。

○——まとめ

私たちは二人とも、数学の教師になりたいと考えている大卒生を相手に仕事をしています。学生時代に数学を楽しんだ理由について、彼らが最も多く口にするのは「正しいか間違っているかのどちらかだったから」というものです。この白か黒かをはっきりさせるという性質は、「正解がない」ことに苛立ちを示すこともある文学の勉強とは対照的です。「数学は正しいか間違っているかはっきりしている」というドグマは、本書に登場する5つのドグマの中で、おそらく最も強く抱かれている、あるいは少なくとも最も頻繁に表明されているドグマの1つでしょう。文学との対比が興味深いのは、もちろん文学にも白黒つけられる問いがあるからです。例えば「ハムレットの父親の名前は何か」「ハムレットの最初のセリフは何か」「ハムレットには何幕あるのか」という問いです。でも、文学の授業では、教師はそういう問いにあまり興味を示さない傾向があります。その代わり戯曲や小説、詩が用いられ、人間の本質や登場人物の動機、読者への影響について問題を提起します。これは数学の勉強とよく似ています。どんな状況でもさまざまな種類の問題があり、「この図形の面積はいくつですか」というような素直な答えがあるものもあれば、「どんなパターンがありますか」というような、そうでないものもあります。その違いは、数学の教師が、数学を勉強する上で、白黒はっきりした問題を大切にする傾向があるか、それともはっきりした答えのない、より興味深い、ニュアンスや微妙さのある問題を大切にする傾向があるかというところにあります。

前章で述べたように、数学的な真理は、その出発点や前提条件と完全に結びついています。つまり、絶対的な真理はなく、ある体系の真理は、別の体系の別の真理と対比することができるのです。想像力を働かせる方法として、また、子どもが数学の作り手(想像したことを言えるのは子どもだけ)になることをサポートする方法として、子どもたちと空間的推論を深めることの価値を提案しました。この章では、子どもたちが数学の制約の一端を体験できるものとして、記号化された環境での活動という授業例を提示しました。SSEsは私たちにとって、小説や戯曲に相当するもので、教師と児童が互いに問いかけ、耳を傾けることのできる空間です。SSEには正解もあれば不正解もありますし、何が出てくるかわからないような新しい問題に取り組む機会もあります。数学が正しいか間違っているか常にはっきりしているということを楽しむ子どももいますが、現実の生活では物事がそう簡単にはいかないということを感じ取り、白黒はっきりするような数学を敬遠する子どもたちがもっと多くいることも知っています。

C

数学は文化に左右されない（カルチャーフリーである）

という思い込み！

'Maths is culture-free'

ナタリーの体験談

数年前、私はブリティッシュコロンビア州のバンクーバー島にあるヌウ・チュ・ヌルス先住民の長老たちと、iPadアプリケーション「TouchCounts」を彼らの言語に翻訳する仕事をしました。これは容易な作業ではありませんでした。なぜならヌウ・チュ・ヌルス族の人々はカナダ政府によって設立された寄宿学校で自分たちの言語を話すことを諦めざるを得ず、現在では流暢に話せる人はほとんどいないためです。さらに、海沿いの人と川沿いの人では数の使い方が違うなど、地理的な違いによる言語の違いもありました。そのため、60のように大きな数は、長老によって言い方が異なることもありました。

私は、数詞のもつ意味の違いに興味をそそられました。例えば、9を表す「ca' waakwaɫ」は、「10より1つ少ない」ということを意味します。私は長老に、7を表す言葉「ʔaƛpu」に何か特別な意味があるのか尋ねてみたのです。長老は親指と人差し指でつまむような仕草をし始め、鶏の羽をむしることに触れました。鶏と7に共通点があるとは信じがたく驚きました。そして、彼女は1から10まで、声を出したり、指で数えたりし始めました。そして突然、すべてが理解できたのです。「ʔaƛ（2つ）」は右手をつまむジェスチャー、「ʔaƛ̓pu(7)」は左手を同じようにつまむジェスチャーでした。ヌウ・チュ・ヌルスでは、2と7という数は、英語の数にはない対称性を持っています。そしてそれに付随するジェスチャーは、特有の文化的慣習と切っても切れない関係にあります。他にも、4を表すジェスチャー「muu」は、V字のようですが、人差し指と中指を伸ばして片側にまとめ、薬指と小指を伸ばして反対側にまとめ、4が2と2であることをはっきりと示しています！

この話には続きがあります。長老は10まで数え終わった後「8歳の時、寄宿学校に送られた時以来だ」と話してくれました。感慨深い瞬間でした。また、彼女の指の記憶の強さと、数は記号以上、言葉以上のものであるという事実の驚くべき証明でもありました。人生の経験は、辛い経験であっても、その経験によってもたらされるものがあります。数は、私たちが数を数えたり計算したりするために使うものですが、私たちの身体を動かすための具体的な方法でもあったのです。

世界中の小学校の教室で、子どもたちは「読む」ことを学んでいます。彼らは異なる言語で、異なるアルファベットや文字(漢字など)や表意文字(オジブウェー語など)を使って、異なる童話で読むことを学びます。多くの言語に翻訳されている名作童話もありますが、ある国の教室の定番の童話と、別の国の教室の定番の童話は異なります。定番の童話にはその土地の文化、その土地の神話、経験、価値観が反映されているからです。しかし、どの国も学校での数学の授業は非常によく似ています。ほとんどの国(すべてではありませんが)で、数の学習にはインド・アラビア数字が使われます。誰もが、まず数を数えることから始め、次に計算をするようになります。この点で、数学はユニバーサルであり、地域の文化や価値観に左右されることはあまりないように思われます。

さらに、どこに行っても2+2=4という事実があります。民主主義国家であろうと独裁国家であろうと、宗教を信仰していようといまいと、男性であろうと女性であろうと、ノンバイナリーであろうと、ジェンダー・フルイドであろうと、労働者階級に属していようと上流階級に属していようと、数学的な「事実」は、意見や流行に左右されるものでなく、普遍であるということを示唆しています。実際に数学がこのような普遍性をもっているとすれば、それは民族や文化を超えた交易やコミュニケーションの必要性のおかげでもあるのでしょう。

○——数学に含まれる言語、身体、土地

ナタリーの体験談が物語るように、数学はユニバーサルであると同時に、非常にローカルなものでもあります。数学は人間が行うものであり、人間は互いの関係、住んでいる土地や歴史との多様で交差する関係によって形づくられるものだからです。例えば、手を使って数を数えるのは、ほぼすべての文化圏で共通です。けれどもそれぞれの文化圏で、その方法は異なります。その違いが些細なこともあります。例えば、イギリスでは、まず親指を伸ばし、次に各指を順番に伸ばして数え、イランでは、小指から始めて、親指まで指を通して数えます。違い

がもう少し大きくなる文化圏もあります。「7」は、インドでは、右手の親指と左手の親指と人差し指を伸ばし（右手の伸ばしている指は5を表す）ます。パプアニューギニアでは、手首と肘の中間にある腕に触れることで表します。

数学的な意味は、手の使い方から生まれてきますが、おそらくそれ以上に重要なのは言葉の使い方です。私たちが使う数学の言葉には、それぞれ歴史があり、意味があります。「掛け算（multiplication）」という言葉は、何度も（multi）折りたたむ（ply）という意味をもっています。このことから掛け算とは、紙を折るとできるように、何かを何枚もつくること、あるいは繰り返すことであるという発想が浮かびます。トルコ語で掛け算は「çarpma işlemi」です。「çarpma」という言葉は、「ぶつかる」「衝突する」という意味の動詞「çarpmak」の名詞形です。「işlem」は「操作」という意味なので、「çarpma işlemi」は文字通り、「打つ／ぶつかる」という「操作」を意味します。また、この動詞と名詞は、電気ショックを伴う状況を表現するために使用されます。掛け算のイメージは、何度も折りたたむというより、2つの量が「ぶつかる」ことなのでしょう。「multiplication」と「çarpma işlemi」はどちらも3×5＝15であるので、2つは同じものだと言いたくなります。しかし、この2つの考え方がどうして同じ答えになるのか、同じものを指しているのかはなかなか理解できないのです！　「3×5＝15」という事実は一致しても、その方法や理由については必ずしも一致していないということです。つまり、数学はユニバーサルでありかつローカルである何かがあるのです。数学教育の国際的な研究から見えてきたことのひとつは、ある文化圏での特定の考え方が、異なる文化圏の学習者にも役立つ可能性があるということです。

文化圏を越えて数学的な考え方が混在することは、非常に古くからあります。「インド・アラビア数字」の歴史は、数学が文化に左右されないこととはほど遠いものであることを端的に示しています。「インド・アラビア数字」には、インド人→アラビア人→ヨーロッパ人と間接的に伝わる長く複雑なストーリーがあります。紀元前3世紀、インドの人々が、数のはじめの10個にそれぞれ1つずつ記号を使ったことからこの物語は始まります。この「ブラーフミー(Brahmi)」数字は、グプタ数字(4〜6世紀)、ナガリ数字(7〜11世紀)へと姿を変え、アラブに伝わり、さらにヨーロッパにも伝わりました。[★01] このナガリ数字が、現在私たちが使っている数字に一番近いのです。

幾何学では、混血の痕跡を他にも見ることができます。英語ではゲルマン語のfifから「5」「15」「50」という数を使います。けれども、多角形の五角形を「ペンタゴン(pentagons)」と呼びます。こちらはギリシア語が語源のpenta(-gonは角度)を使っています。同じように、数についてはゲルマン語の「four」を使いますが、4つの辺をもつ多角形、四角形(quadrilaterals)についてはラテン語の「quadri」を使います。これもテッセララテラル(tesseralaterals)[▶01]、クアドリゴン(quadrigons)と呼ぶこともできたか

★01｜マヤ人もほぼ同時期、紀元前4年に神々を数詞(ゼロを含む)に使っています。

▶01｜tessera：ヘレニズム時代やローマ時代に製作されたモザイクに使われた漆喰の地に埋め込まれる四角いの細片のこと。

もしれません！　このように異なる言語の言葉が混在する中で見えてくるのは、人間的、文化的、ローカルな数学的意味の軌跡です。このような意味をいくつか取り上げることは、学習者を普遍的ではない数学の世界に誘い、これらの言葉や関連する形との新しい関係をつくることを可能にします。

測定の歴史は、数学が文化とどのように重なり合うかを示す特別な例です。人の身長、液体の重さ、回転の角度、熱の温度など「世界中のモノを測ること」に焦点をあてると、測定はローカルな空間や文脈と、よりグローバルな標準化に対する願望との間を行ったり来たりすることを象徴的に表しています。世界中のさまざまな文化で、体の一部（足、腕の長さ、手の幅）に基づく単位は発達しました。同時に物（弓、鎖の輪、棒、ケシの実）に基づいた単位も発達させています。英語では、長さの単位のよりどころは人間の体です。北アメリカの先住民族オジブワは、太陽の弧に伸ばした手を重ねることで、ある距離を移動するのにどれくらいの日数がかかるかを測定しました。この類推的な測定では、「1回」の「手の伸び」が、「日の出から天頂までの弧の4分の1とみなされました」(Cooperrider & Gentner, 2019, p. 5)。距離の測り方は、アンダマン諸島で使われる「弓で射る距離」、モロッコで使われる「石を投げる距離」、ミャンマーで使われる「人の声が聞こえる距離」、サンミ族が使う「旅を終えるまでに必要なコーヒースタンドの数」などがあります。

身体や物に直接関係しない尺度の使用は、政治的・概念的な闘争を伴いながら、時代を経て出現しました。1793年に提案されたメートルの定義は、赤道から北極までの距離の100万分の1というものです。自然界に由来する定義であり、画期的なものでした。「地球はみんなのもの」であるため、メートルの平等主義的な単位は称賛されました。それまでに使用されていた単位にはなかった概念でした。最初は真鍮の棒に十進法で目盛りをつけたものでした。パリの金庫に保管されていたメートル原器のプラチナバーには分割がなく、そのきらめく完璧さは、自然という概念からかけ離れているように見えるかもしれません。しかし純粋でシンプル、ユニバーサルで自立した単位というイデオロギーを示すことができます。結局、真鍮の棒では精度が足りず、経年変化も起こりやすいと判断されました。現在ではメートルは光速との関係で定義されています。光との関係で定義されると、メートルという単位が独立したものに見えるかもしれません。けれども、メートルは必然的に地球と結びついているのです。

文化は言語や土地に限らず、都市と地方、中流階級と労働者階級といった生活様式にも影響を及ぼします。関連性がないと決めつけるのは、「数学は文化に左右されない」というドグマに従うことになります。文化に左右されない数学は、厳密な内外の分離を採用した次の左図のようにイメージされます。内側は、核となる客観的な数学の考え方を表しています。それは変わることがありません。言語、歴史、技術など、文化や文脈に左右される外側の層があるかもしれませんが、内側にあるものには影響を与えません。低所得家庭の子どもたちが高所得家庭の子どもたちよりも数学で苦労しているという事実に私たちは気づいているかもしれません。文化に左右されない数学観では、これは親のサポート不足、食料、住居、資源の不足といった要因で説明できると仮定しています。けれどもこの仮定は、数学を文化から切り離すものであり、数学そのものに多少なりとも中流階級の価値観が浸透しているような要素はないと仮定しているのです。

次の右図は、内と外が明確に定義されているわけではなく、連続的に広がっているイメージです。皆が意味や真実に同意する瞬間があるかもしれませんが、解釈の違いやローカルな真実、偶発的な事実もあるかもしれません。

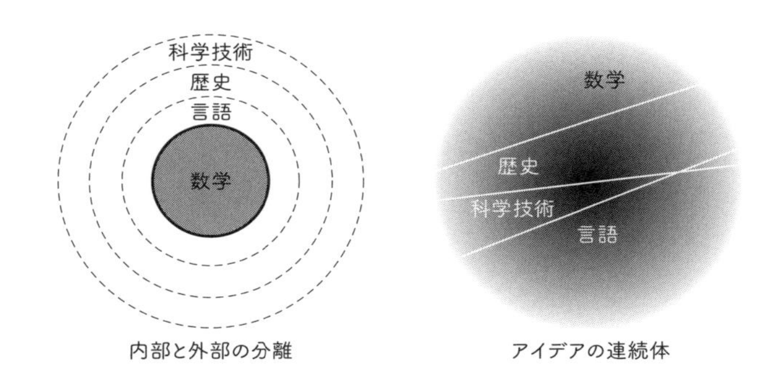

本章冒頭のナタリーの話は、数学が歴史的、言語的、技術的な次元から切り離せないことをよく物語っています。長老の数える技術は人類共通のものですが、彼女の数え方は文化特有のものです。

先の右図は、階級に焦点を当てたヴァレリー・ウォーカーダインの研究(e.g. Walkerdine, 1990)を理解するためのものでもあります。彼女は、低所得者層と高所得者層の間でどのような会話が交わされるかを記録しました。高所得者層の家庭では、お金の話は気楽で投機的で遊び心のあるものになりやすいです。「もし……を買ったらお釣りがいくらになるか？」のように親がカフェでお釣りの計算をゲーム感覚で話すような話題です。低所得者層の家庭では、親が子どもにもっと安いものを買うよう説得するなど、何を買えるのかについて話し合うかもしれません。非常によく似た計算をしていたとしても、計算が同じであったとしても、一方は数学は生き残るための問題であり、他方ではウォーカーダインが「記号的な制御（シンボリックコントロール）」と呼ぶものを行使するための問題なのです。彼女は、数学の学習に関連する学級での格差を示すもう一つの例として、7歳の子どもたちが、ある商品を買うためのカードを渡され、買い物ゲームをしている様子を紹介しています。高所得者層の家庭の子どもたちは、実際のコストにほとんど注意を払わず、ゲームの文脈を無視して数だけに集中しました。それに対し、低所得者層の家庭の子どもたちは、これらのアイテムの値段があまりにも高いので、現実の生活でそれらを購入するために自分がどうなるかを想像し、計算にはあまり注意を払いませんでした。

　このような種類の対立は、文化的に適切な教育方法の重要性が認識されるようになった現在、より切実な問題となっています。文化的な前提を意識すると、教科書の数学の問題でこのような状況が頻出することに驚かされます。教科書にクリケットに関する文脈があるかもしれませんが、このスポーツを理解できる子どもは、どれくらいいるのでしょうか。ガーデニングの文脈や、寿司を食べたり、スーパーで大きなパックのペットボトル飲料を買ったりすることについてはどうでしょうか。文脈を説明するために時間をかけるのも一つの選択肢です。代わりに、文脈を寝ることや教室にいることなど、安全で広く共有できる体験にすることもできます。多くの子どもたちが同じような経験をする均質な教室では、文化的な前提に気づくことは難しいかもしれません。実践編Bで取り上げた記号構造化環境(SSE)の魅力のひとつは、SSEの文脈が純粋に数学的であることです。

○——数学の文化や価値観

文化に関連した数学とは、イングランドではサッカーの問題、カナダではアイスホッケーの問題のように、特定の文化に関連した状況を選択することだけを指すのではありません。文化とは、活動や食べ物、言語だけでなく、価値観も含まれます。数学も価値観によって形つくられているのです。このことを信じられないと思う人も多いのではないでしょうか。アラン・ビショップ[▸02](Bishop, 1988)は、西洋数学の研究の中で、学問を形成してきた3つの組の価値を明らかにしています。それは2つのイデオロギー的価値(合理主義と客観主義)、2つの情緒的価値(支配と進歩)、2つの社会学的価値(開放性と神秘性)です。イデオロギー的価値とは、何が真実や現実とみなされるかということに

▸02｜この研究の翻訳は2011年に『数学的文化化——算数・数学教育を文化の立場から眺望する——』として出版されている(湊三郎 訳、教育出版)。この本では「客観主義」は「物化主義」と訳されている。

関するものであり、知識に関する信念と考えることができます。情緒的価値は、人類の未来に対する信念です。そして、社会学的価値は、人類と数学との関係についての信念です。

これらは価値観であるため時代とともに変化する可能性があり、他の文化的慣習では異なって見える可能性があることを意味しています。また、価値観が変化する可能性があるということも意味します。数学を教えるということは、無意識であっても、価値観を教えるということなのです。実際これらの価値観は、数学の必要性よりも数学者の嗜好や願望を表しているということに気づかないほど、「自然」に見えるかもしれません。まず、この価値観に注目し、その価値観に含まれる嗜好をよく理解していただければと思っています。けれども、西洋の数学を形成してきた価値観を、必ずしも数学教室で取り入れる必要はないと思っている点も強調します。これらの数学の価値観について一通り説明した後に、あなたが自身の指導に求める価値観について選択できるようになることを願っています。

では、1組目の価値から説明します。イデオロギー的価値である合理主義は、説明と結論を得るための好ましい方法として、演繹的または論理的な推論にこだわります。数学の証明を読むと、その前の段階の真偽に依存した一連の論証が、論理的な推論で結ばれていることがわかります。これが、数学に関する公的な公式見解です。しかし実際の数学者は、推測したり、直感を働かせたり、絵を描いたり、アイデアを感じ取ろうとしたり、より美しく思われる道や馴染みのある道を辿ったりと、一般的に問題を解決するために蛇行します。

数学の教師は、子どもたちがどのような場合にそれぞれの異なる値が適切であるかと理解することができるように手助けすることができます。子どもたちが問題に取り組み始めたばかりであれば、たとえ推測であっても、疑問の余地があるような暫定的な説明を大切にすることができます。たとえば、「6は偶数か奇数か」と問われれば、子どもたちは答えを推測するでしょう。それが出発点なのです。子どもたちが自分の考えを話しているとき、「尊敬」(クラスメートの話に耳を傾けること)と「謙虚さ」を大切にするとよいでしょう。ある子どもが「6は2等分できるから偶数だ」と言った場合、別の子どもがその考えを自分の言葉で言い直す姿を評価するとよいでしょう。また、ある子どもが「6は偶数ではない」と言った場合、クラスメートにもっと説得力のある論拠を見つけるよう促すことができるため、その貢献を評価することができるかもしれません。これらの価値観はすべて、論理的な推論の価値を高めることと隣り合わせになります。大切なのは、子どもたちに自分の価値観をはっきりと伝えることです。

イデオロギー的価値の合理主義のパートナーは客観主義です。それは、考えに客観的な意味をもたせることで、それによってあたかも人間の解釈から独立した客観的な事実があるかのように扱うことができます。つまり、数、点、分数、関数などを、リンゴや木と同じように、特定の属性をもつ誰にでも見える物体として扱うのです。この客観主義という価値観は、数学独特の話し方、「正方形は4つの辺をもつ」とか「偶数は2で割り切れる」のような表現方法につながっています。私たちは通常、例えば「この正方形の辺を数えると、私は4まで数えられました」というように、特定の人が数えることや特定の正方形を強調する言い方はしません。ここからもまた、合理主義と同じように、客観主義が常に適切ではないことが分かります。数学の世界でさえ、数学者が問題に取り組んでいるときに、数学的な対象を私物化している証拠がたくさんあります。

実際、多くの教育者が、数学を人間的なものにすること、数学は人間がするものであり、数学には感情、経験、歴史、信念、願望などが含まれることを理解させることの重要性について語っています。

例えば、子どもたちは「立方体」や「四面体」といった多面体の名前が昔から存在していたかのように教えられることがあります。しかし実は、多面体という概念は、立体的な形を研究する長いプロセスの中で生まれたものです。数学者たちは、多くの立体で成り立つと思われる、面(F)、辺(E)、頂点(V)のある関係に興味を持ちました。立方体とピラミッドは、V-E+F=2が成り立ちますが、次の図にある右の二重ピラミッドでは、この関係は成り立ちません。つまり「多面体」という名前は、V-E+F=2という関係を満たす3次元の形状にのみ与えられるのです。さらに数学者は、球や円柱などの一般的に3次元だとみなしている形も多面体として数えられるようにしたかったので、頂点、辺、面として数えるものを変えることで、その関係をうまく利用する方法を発見しています！

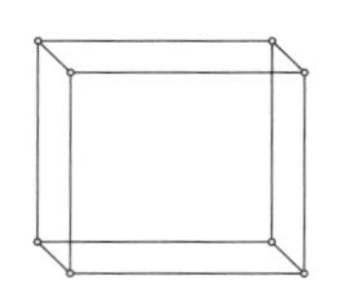

V：頂点：8
E：辺：12
F：面：6

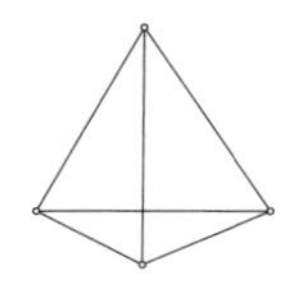

V：頂点：4
E：辺：6
F：面：4

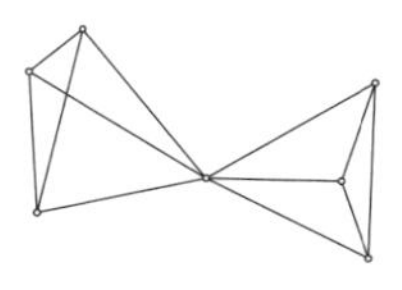

V：頂点：7
E：辺：12
F：面：8

今では、これらすべてのドラマを繰り返すことなく、ただ多面体を定義するだけで済みます。このことは進歩にとっては良いことであり、客観性の価値を讃えるべきものです。けれども学習者にとっては、真理を伝えられているだけだと感じてしまうため、必ずしも良いことではありません。教師として、「数学的なものには歴史がある」という考えを子どもたちが認めることを助けることはできます。「三角形のその考え方はどこから来たの？」「その考えはいつ役立ったの？」「2や3といった数の考えはどうでしょう？　2つの家族のうち、どちらが多く子どもがいるかを比較するためでしょうか？　あるいは、誰が餌をあげる当番であるかを記録するためでしょうか？」のように問えばよいのです。このような議論に、長い時間をかける必要はありませんが、ある手法に取り込まれた考えが、やがて独自の進化を遂げることを子どもたちが理解するのに役立ちます。歴史を忘れることで数学という学問が進歩する一方で、数学の学びは歴史によって豊かになります。

ビショップが挙げる2組目の価値観は、「支配(control)」と「進歩(progress)」です。支配の価値は、予測したいと思う欲求と関連しており、それはひいては安心感や熟達の探究へとつながっていきます。小学校の授業でよく行われる、パターンを予測する活動そのものが、次がどうなるか、100個目はどうなるかを知っていると感じさせることで、コントロールする感覚をもたらすことがあります。また、アルゴリズムもコントロールの感覚を与えてくれるものです。どのような値であっても、掛け算のような演算を行う手順を提供するからです。アルゴリズムの使い方を学ぶことに多くの時間を費やすと、教師は時として、学習者が自分の力を認める手助けをすることを忘れてしまうことがあります。子どもたちに掛け算することができる2つの数を書かせることで、13 × 5、56 × 93、1784726 × 34など、ワークシートに書かれた数だけでなく、ユニークな数のペアがホワイトボードにあふれることになります。ここでは、積を求めることではなく、アルゴリズムのパワーを意識するようになることがポイントとなります。

支配の価値も問題を起こすことがあります。それは数学的アルゴリズムや数式が、人命や環境への影響を考慮せずに使用された場合です。世の中のすべてのものをコントロールできるわけではありません。解けない問題に触れることで、子どもたちは数学の限界を理解することができるでしょう。これらは、数学そのものの問題である場合もあります。例えば、任意の2つの数の積を求めることができるアルゴリズムがある一方で、その逆は成り立ちません。非常に大きな数が与えられた場合、その因数を求めるアルゴリズムは存在しません。このことは暗号技術が役立つ理由でもあります。数学はコインを投げたら何が出るかを予測するのには役立ちません。ただし、100枚のコインを投げたらどうなるかを予測するのには役立ちます。数学は、2ヶ月後に晴れるかどうか、あなたが誰かに恋をするかどうか、隕石が落ちてくるかどうかを予測することはできません。数学の授業は、数学をその場所に置くこと、つまりその力と限界を強調するのに最適な場所なのです。

支配と補完的な態度となる進歩の価値には、「成長」、「発展」、「変化」、「未知を知ろうとする感情」などが含まれます。進歩は、ドグマAで述べた「数学はつみきのような科目である」というドグマに関連しています。なぜなら、以前は未知であったことが、今は既知であるならば、今後も既知であり続けるからです。子どもたちが学校にいる間に新しい定理を考え出すという意味の数学の進歩に貢献することはまずありませんが、物事を理解したり説明したりするための新しい方法を生み出すことによって、教室の進歩に貢献できることは間違いないことです。数学者が考えを証明する新しい方法を考え出すために多くの時間を費やしている(ピタゴラスの定理の証明方法は少なくとも10種類ある!)という事実は、数学の進歩は新しい理解の方法を開発することでもあるということを示しています。

例えば、奇数同士の和が必ず偶数になることは既にご存知かと思います。それは多くの奇数の和がどうなるかを実際に試してわかったのかもしれません。けれども、別の理解の仕方があります。下に示すような空間に存在する表現による説明です。次の図は9＋7という数に特化したものですが、奇数のペアであればどのようなものでも、この説明が成立します。それぞれ

1点ずつ余った2つのピースは、必ず「ぴったり合う」ためです。別の方法として、代数を使うこともあります。偶数はどのような値でもnの2倍と書けるので、奇数2個の和は$2n+1+2m+1$と書けて、これは$2(n+m+1)$と同じことであり、つまりは偶数であることがわかります。理解のための方法をすべて検討することは、知識の蓄積という点では進歩しませんが、知識の豊かさという点では進歩しています。数学の授業で扱うどのような考え方も、経験的、空間的、代数的など、複数の方法を通したアプローチで理解することができます。子どもたちが、多様な理解の方法に触れることができるよう、時間をかけることには価値があります。

ビショップが提案する最後の価値観は、「開放性」と「神秘性」です。「開放性」とは、「数学的真理、命題、思想は一般に、すべての人に吟味される余地がある」という事実に関わるもので、それゆえ、意見、政治、文化の違い、信念に依存しないように見えます。前世紀に出版された数学雑誌を開いたことのある人なら、言うまでもなく、そこに書かれている数学が、誰にでも吟味できるものではないことを知っています。まず、使われている規則や記号を知ること、次にそれらを理解しようとするのに十分魅力的なアイデアを見つけるべきであることをビショップが指摘しています。したがって、開放性の価値は、原則として、心理的、政治的な問題とは無関係に、普遍的で「純粋な」知

識を追求したいという願望をよりよく表しているのかもしれません。普遍的であるためには、実証や証明のような知識は、主観的な解釈を許さないことを表明するために形式化されなければならず、アイデアを明示し、批判や客観的分析に開かれたものにしなければなりません。けれども、すべての主観的な解釈を排除することは不可能です。数学に価値があるという考えそのものが、数学に嗜好や習慣、さらには流行があることを意味しています。これらは時代とともに劇的に変化してきましたし、今後も変化し続けるでしょう。開放性は、コミュニティによっては、より多くの人に説得力のある、あるいは洞察力のある説明の仕方を含んでいます。このことは教室における目標として妥当であると思われます。どの説明や解答が子どもたちにとって「よりよい」のか、つまり上のような空間的な説明を好むのか？　たくさんの例を試すことで、もっと納得するのか？を子どもたちと話し合うことそのものが、数学することであり、それは何が理にかなっているのかを探究することでもあり、また、何が理にかなっているかが時間とともにどのように変化するのかを探究することでもあるからです。

最後に、神秘性の価値についてです。歴史的に見ると、数学者は古くから占星術や錬金術、魔術と結びついていました。また、より現代的な視点から見ると、次のような疑問が数学者以外の人々を悩ませ続けています。数学とは何か？　誰が、なぜ、何のために数学をするのか？　ビショップは、数学の謎は古代ギリシアの排他的な教養に端を発していると主張しています。数学者たちは、日常生活から離れた抽象的な数学をつくることで、自分たちの神秘性を保つための手段をとりました。ピタゴラスの秘密保持の誓いは、神秘と神秘主義の密接なつながりの中で、排他性を求めたと見ることができます。しかし、神秘は魅力的であり、不思議や驚き、不信感といった感情にもつながります。子どもたちは、大きな数とそこにある無限という概念に不思議さを感じます。無限という考えは、どのようにして成り立つのでしょうか？　無限にはいろいろな種類があることを知ると、感動もひとしおでしょう。偶数(2、4、6、8、10、12、……)と整数(1、2、3、4、5、6、……)がそれぞれ無限にあるにもかかわらず、その数の集合の大きさは同じだと知った時の信じられない気持ち。同じ様に、子どもたちは4次元、5次元の図形がある事実に驚き、どんな四角形でも床のタイル張りに使えることに驚きます。ある幾何学者は、ドーナツ型の物体とコーヒーカップに違いがない事実に不信感を覚えます。神秘性を体験させることで、子どもたちの興味や関心を引きつけ、数学は事実や公式を暗記するだけでなく、深く、あっと驚くようなアイデアがあることを理解させることができるのです。

私たちは、数学がたくさんの価値に満ちていることを強調したいのです。もし数学が文化に左右されないと仮定するならば、このような価値観は、数学がそうであるように当然のこととして受け止められているからです。これらの価値観の中には、主観的、感情的、人間的なものから遠ざかる傾向があることは事実です。だからといって、数学に主観や感情、人間性がないわけではありません。大切なのは、数学の授業で「何を評価するか」は、教師である人自身が選択できる重要な要素だということです。

○──文化の押しつけについて

数学は確かに人々に喜びを与えるものです。本を読んだり、視覚芸術作品に触れたりするのと同じように、教室でも子どもたちにその喜びを味わってほしいと願っています。しかし、数学の文化的側面を認めるのであれば、その一部がもたらすマイナスの影響についても認めなければなりません。これは、ヴァレリー・ウォーカーダインが提唱した「記号的暴力」という考え方に関連するもので、子どもたちが疎外感や衰弱感のある数学的対象によって文字通り頭を殴られたような気分になるというものです。数式が、それが適用される文脈に十分な注意を払うことなく作成され使用される場合、キャシー・オニールの著書『あなたを支配し、社会を破壊する、AI・ビッグデータの罠』(2016年)で示すように、多くの害をもたらすことがあります。彼女は、インターネットで目にする広告や、オンラインショッピングで推奨される商品を決めるために使用されたアルゴリズムが、疎外された人々にどのような悪影響を及ぼすかを示しています。それは、数学そのものが悪いのではなく、その使い方が悪いのだとも言えます。数学的な価値観に従うと、普遍的で偏りのない方程式や関係を生み出すことを目指しますが、この価値観こそが、数学が社会的な問題を見えなくしてしまう結果になるのです。

そう考えると、数学を教えるということは、子どもたちに将来必要な道具を与えるだけでなく、その道具の限界を理解させるという重要な責任を負っていることになります。これは、幅広い数学的概念で実現することができます。例えば、割り算の指導では、等分除の意味やその操作を教えます。だから、私たちはものの集合を等分に分けることができるわけです。しかし、場合によっては、平等ではなく、公平の目標に沿った方法で財を分配したいと思うこともあるでしょう。例えば、富や財産のレベルが異なる人たちに商品を配りたい場合、どのように分割を考えればいいのでしょうか。他にも、なぜ賃上げが常に割合で示されるのか、それが定額の賃上げと比較して賃金格差にどのような影響を与えるのかを問うことができます。割合は、比較のための共通の尺度を提供するので数学的に強力ですが、同時に重要な詳細を隠すことも可能です。

同様に、数学にも、ある種の理解を他のものよりも優先させる思考法があります。例えば、客観性の価値は、動詞よりも名詞を使う話し方につながる傾向があります。名詞は動作の感覚を弱めます。「ある数を別の数に足す」と言うことを「2つの数の和」と話します。動詞を使うと、動作に関わる人が必要となり、何らかの主観を意味します。客観性が重視されない文化圏では、数学の話には動詞が多く使われます。カナダ東部のミクマク族は、「真っ直ぐ」を表す言葉をpekaqといい、「真っ直ぐ進む」と訳します(Lunney Borden, 2011)。ミクマクの直線は、固定された静的なものと考えるのではなく、片方の端からもう一つの端まで移動するものと捉えられているのです。文化の違いによる数学的な考え方の違いを知ることができるのは面白いことです。それだけでなくルニー・ボーデンは、名詞の代わりに動詞を使って概念を表現することは、ミクマク族だけでなく多くの子どもたちの理解を助けることができると主張しています。先ほどの動的な三角形の例も、このことを表しています。教室に持ち込んだり、子どもたちから引き出したりするさまざまな考え方を活用する際には、これらの考え方が典型的なイギリス人や西洋人の考え方より劣っていると考えるのではなく、敬意をもって接することが大切です。

実践編 C

社会の文脈に対応した数学

Mathematics for real-world contexts

前章の最後に、数学を教えることの責任について考えました：

・子どもたちに道具を教えるだけでなく、その道具の限界を教えること。

・どのような理解や知り方が特権的なのか、あるいは特権的でないのかを考えること。

社会的・地球環境的な公正という現実のレンズを通して、こうした責任について考えるのも一つの方法です。数学と何らかの形で関連する特定の道具や習慣を使うことによって、社会のどのような人々が排除され、地球環境のどの側面が破壊されているかという疑問を教室に持ち込むことができます。

○——文化に対応した数学教育

数学教育における社会的公正の問題に取り組んできた研究のひとつに「文化に対応した数学教育（Culturally Responsive Mathematics Teaching：CRMT）」というものがあります。CRMTは、数学の授業に文化、言語、コミュニティを取り入れることを目指しています。文化に対応した教え方をする教師は、学校と地域社会の架け橋となり、地域社会に関する知識を活かして、学習を子どもたちの生活に関連したものにします。ストーリーブックとストーリーテリングは、CRMTにおける効果的な方法として登場しました。CRMT内で行われた研究の検証(Abdulrahim & Orosco, 2020)では、以下の特徴が確認されました：

- すべての学習者に大きな期待を寄せる。
- 子どもたちの批判的思考をサポートする(自ら問題を設定する機会を与えるなど)。
- 教師としての自分の信念や価値観について振り返る。
- 社会的課題の解決に向けた行動を促す。
- 生徒、教員、地域社会との連携を図る。

教師が自分の価値観を振り返ることは、この章で取り上げた3つの組の価値観のように、数学そのものの価値を振り返ることにもつながるでしょう。

これらの特徴は、CRMTの仕事において有用な指針を与えてくれますが、ケアという包括的なスタンスが必要となります。例えば、アン・ワトソン(AnneWatson；2021)は、教師のケアリングとは、学習の場面で、子どもたちの話に耳を傾け、寄り添う(being alongside)ことだと説明しています。異文化から重要な概念を学ぶことは、ケアリングのための行為でもあるのです。例えば、ニュージーランドの研究者グループであるアプリルら(2009)は、マオリ文化では「知識はタオンガ(宝)であり贈り物であると認識され、知識をいつ、誰と共有するかについてケアされている」と報告しています。このような知識観を意識することは、マオリ文化圏の児童生徒と接する上で欠かせないことでしょう。ケアの姿勢は、数学という対象そのものに対する開放性や神秘性といった価値観につながるのかもしれません。

教師は自らの文化の規範をもとにするので、児童の多くがそのような規範に気づいていないことを忘れてしまうことがあります。異文化を知り、学ぶことに加え、自分自身の規範を明確にすることもCRMTの活動では重視しています。そのためには、社会的に支配的な文化的背景を持つ児童にしかわからないような、数学的な対話に参加することの意味や、ゲームのルールをオープンにする必要があります。数学の教室での会話に関する規範を共有し、明示することで、すべての子どもたちが協働して、例えば詠唱に参加したり、話し合いに参加したりすることを期待できます。

⚬——数学教育と社会的・地球環境的公正

「社会的・地球環境的公正のための数学」という考え方は、世界中の不平等をもたらした植民地化と排除の歴史的過程に対する疑問を提起しています。私たちは、公正、平和、持続可能性について教えるために自分の立場を利用したいと思っているけれど、そのような問題を数学の授業にどのように取り入れたらいいのかわからないという多くの教師に会ってきました。彼らはポジティブ・アクションを支持したいと思っているのですが、それがどのようなものであるべきかがわからないので困っているのです。同時に、子どもたちは気候変動ストライキやデモ行進を通じて、並々ならぬ関心を寄せています。つまりは、子どもたちの方が、ポジティブ・アクションとはどういうものか、よく理解しているようです。子どもたちが石油会社を相手に裁判を起こして成功した例は、子どもたちの理解と力の証であり、希望の兆しでもあります。気候の変動がもたらす不確実性や混乱、社会的不平等がもたらす継続的な影響によって引き起こされる不安を考えれば、希望のストーリーが重要であることは間違いありません。

2011年に発表されたフレームワークでは、教室における持続可能性の問題へのアプローチ方法として、「適応的(accommodation)アプローチ」、「改革的(reformation)アプローチ」、「変革的(transformation)アプローチ」の3つを提案しています(レナート、2011)。これは、環境教育者であるスティーブン・スターリング(Stephen Stirling)の研究をもとにつくられたものです。適応的アプローチでは、持続可能性はごく標準的な数学授業の文脈として機能するだけです。改革的アプローチでは、例えば、研究対象のデータが持つ意味(例えば、英国における所得と肥満の関連性)を調べるなど数学以外の問題も検討されます。このようなアプローチには、支配のための道具としての数学を価値づけることが含まれているかもしれません(社会変革のための道具としての数学は、ビショップの3つの組の価値観、合理主義と客観主義、支配と進歩、開放性と神秘性から外れているように感じられます)。この章ではレナートのそれぞれのアプローチが教室でどのように使われるかを例示しています。これらは階層構造(ヒエラルキー)として読まれることは意図していません。それぞれが異なる文脈に適しているのです。

○——データの適応

気候変動の問題に対処するための数学を教える最も直接的な方法は、統計やデータの扱い方に関する学習の文脈で行うことでしょう。これらのトピックは初等教育カリキュラムの重要な要素ではないことが多いです。けれども統計に取り組むことで、統計以外の数に関する技能を伸ばしたり、活用したりするための文脈をつくることができ、後に統計が数学の孤立した分野と見なされることを防ぐことにもなります。教科書や資料では、子どもたちが取り組みやすいように、意図的につくられたデータが使われていることが多いようです。データを文脈から切り離す理由のひとつは、現実世界のデータは往々にして乱雑で複雑であることです。もし、子どもたちに平均値を求める技能を教えることが目的であれば、現実のデータはその目的の邪魔になるかもしれません。データの「クリーンアップ」にも時間がかかります。このことを念頭に置いて、統計的スキルを練習するために使え、またこれらの技能について考えるきっかけになるようなデータセットを紹介します。

気候モデルは、ある場所が将来どのくらい湿潤化するか、あるいは乾燥化するかを予測します。科学者によってさまざまなモデルがあります。ボツワナの現在の月間平均降水量は約34mmです。これは、今後数年間のボツワナの降水量（単位：mm/月）の変化に関する9つの予測です。：+17; +13;

+6; -2; -2; -6; -6; -6; -14.

このデータを使って、教師としての数多くの展開を考えることができます(Coles, Darron & Rolph, 2022)。もちろん、子どもたちにデータの平均値、中央値、最頻値を求めさせることもできます。しかし、より重要な問題は、この数が将来の予測にどう役立つかという、数学的であり政治的でもある問題です。例えば、ボツワナの農家に将来のリスクについてアドバイスする場合、どの平均値を使いますか？　なぜですか？　最悪の事態に備えるために、最も極端な状況を選択するのでしょうか？　それとも、両極端な予測の間にコンセンサスを提供するための、中間的なものを選択するのでしょうか？　農家の人々には、どのような降水量の変化を予想し、どのような未来に備えるべきで、どのようなメッセージが必要なのでしょうか？　気候モデルのデータは、アルフが英国気象庁で気候モデルの研究をしている科学者、ジョセフ・ダロンと行った研究から生まれたものです。私たちは、11歳の子どもたちが気候モデルの比較について複雑な思考をすることができ、ジョセフが時には気候科学者の分析と比較して好ましいと考えていることに驚かされました。

このデータは、「降水量に変化がないのではないか」という疑問をもたせるために、平均値がゼロになるよう少し手を加えてあります。モデルの3分の2が一層乾燥した未来を予測していますが、農家の方々に干ばつへの備えをアドバイスしますか？　もっと雨の多い未来を予測するモデルもあります。これらのモデルを無視するのでしょうか？　それとも両方のシナリオに備えようとするのでしょうか？　もちろん、モデルが正確でない、つまり、実際の変化がモデルの予測の範囲外である可能性もあります。

これらの疑問は、政策立案者や政治家と共に働く気候科学者にとって現実的なものです。明確な答えがあるわけではありませんし、議論をどこまで許容するかによって、適応アプローチが改革へとシフトしていくことになるでしょう。「変化は訪れるが、どのような変化かわからない」というメッセージの難しさは、気候の緊急事態に関するメッセージが、耳に入るまでに時間がかかり、耳に入りにくい原因の一つになっています。数学教師が社会的議論に貢献する方法のひとつは、報道の背後にある数学の一部を掘り下げ、子どもたちに予測の難しさを体験させることです。

ここにはもう一つのメッセージがあります。平均値は、事実であり、合理的であり、単純な演算の流れを伴うという点で客観的であると考えることができますが、それが誰にどのように使用されるかは、それほど確実でも妥当でもありません。子どもたちに、平均を求めるという計算の部分だけでなく、例えば、平均値を使う理由や、複雑な状況を1つの数字に置き換えることの潜在的な意味なども考えさせることは価値あることです。

英国の気象庁など、気候関連データの情報源は数多くあります。さまざまな気象観測所から過去のデータを入手することで、例えば、特定の地域の気候の変動の程度を調べることができます。

○——リフォームナンバー

英国ブリストル地域の教師たちは、数学の学習を支援し、持続可能性にまつわる重要な問題を提起するために考案された、ある特別な形式の課題を探究しています。子どもたちが「今のペースで石油を使い続けた場合、現在世界中で確認されている埋蔵量ではあと何年分の石油が残っていることになるのか」というような問いを立てられるよう、一連の計算を提示するような構成になっています。このグループの教師であるカール・ブッシュネル（Bushnell, 2018）は、各ステップで子どもたちに文脈のない計算問題と文脈に沿った計算問題を提示する流れをつくり出しました。以下は、カールの研究にインスパイアされた問題の流れの例で、文脈に沿った計算問題を太字にしています。

200万を数字で書きましょう。30億を数字で書きましょう。

2014年、BP社は世界に1兆6,880億バレルの石油が残っていると推定しました。これを数字で書きましょう。

二つの数量の比は、1：500万です。
同じ比になるとき365：？の？はいくつでしょうか。

2016年の1日あたりの世界の石油消費量は、9600万バレルでした。1年間で何バレル消費されたのでしょうか。

3,600,000,000個のものを1日1,200,000個ずつ使用する場合、何日もつのでしょうか。

[どんな計算が必要なのかを考えなさい。]

新しい油田が見つからず、2016年のペースで石油を消費し続けた場合、石油はいつなくなるのでしょうか。

このような仮定は妥当なのでしょうか。

石油がなくなると、どのような影響があるのでしょうか。

最初の問題から2番目の問題へと、大きな転換があります。子どもたちは、数を純粋な対象として見ることから、さまざまな事柄を表す数として見ることに変わるよう導かれるのです。両者はまったく異なる考え方です。カナダの先住民のコミュニティでは、番号の付け方で生物と無生物を区別するところもあるのですが、この区別は純粋な文脈と応用的な文脈の転換にも反映されています。最後の2つの質問は、この課題を改革のアプローチに転換させるためのものです。この算数に取り組んだ子どもたちは、発見したことの意味や影響について、つまりそこでの数学について考えるよう求められます。もしかしたら、数学が状況をコントロール(支配)するのに役立つかもしれません。子どもたちは、自分で発見した結果に対して、どのような行動をとることができるかを考えることができます。この石油消費量の課題と気候モデルの課題を使うことで、子どもたちが行った計算の意味やその影響についてどの程度考えさせるかによって、「適応」と「改革」の両方のアプローチが可能になります。

○——変革的アプローチ

上で示した2つの授業の課題は、子どもたちの行動をはっきりと促しているわけではありません。変革的アプローチでは、数学は大きな目標を達成するための方法の一部として登場します。メキシコの小学校での事例を紹介します。この学校では、教師が科学者や学術教育者、非政府組織（NGO）と協力して、カリキュラムの改革に取り組んでいます。この地域で最も汚染された川のひとつであるアトヤック川の集水域に位置している学校であるという背景が重要です。同校の地域には、工業用地と、外資系企業が数社あります。この外資系企業は政府の政策により、この地域に工場を集め、雇用を生み出すことを奨励されました。染料や重金属などの産業廃棄物が、違法の状態で定期的に川に流出しています。その結果のひとつが、強烈な臭いです。川のそばにいる人は、目や鼻の穴がチクチクします。20年以上前から川には魚がおらず、今では昆虫すら生息していません。水は不透明なブルーグレイです。1km離れた小学校の校庭でも臭いが気になります。川はかつての世代にとっては生活の源であり、祭事の場でもありました。けれども今は健康を害する存在になっています。小児白血病や流産の割合は、いずれも国の水準を大きく上回っており、河川の汚染が直接関係しています。

メキシコのカリキュラムは全国共通であるため、教師が河川汚染の問題に取り組む時間を確保するのは難しいことです。実際、子どもたちは、メキシコシティの大気汚染を例に公害を扱った教科書(メキシコでは児童一人ひとりに書き込み用のコピーが配られます)を使わなければなりません。しかし最近、教師たちがネットワークをつくり、アトヤック川の問題をカリキュラムに取り入れることに成功しました。

変革的アプローチは、地域社会が直面する現実的な問題から始まるかもしれません。アトヤック地域の場合、教師たちのネットワークによって、3つの「展示室」を備えた川のメモリアルな「博物館」をつくることになりました。1つ目は過去に目を向け、川が元気だった頃のオーラルヒストリー(口述歴史)の一部を再現しようとするものです。2つ目の展示室は現在に焦点を当て、川の現状と健康への影響に関するデータの収集と分析を行っています。何を、どのように、どのくらいの期間測定するかを選択するという、データを収集する行為そのものが、政治的活動の一部であると同時に、数学的活動の一部でもあるのです。汚染度を測定するのと、川の流量を測定するのとでは、まったく異なるデータを作成することになります。例えば、前者は責任を特定できる可能性があります。

3つ目の展示室は、未来と川を健全な状態に戻すための戦略に焦点を当てています。この最後の展示室は、子どもたちに川の保護のためのキャンペーンに積極的に参加してもらうことを明確な目的としています。また、子どもたちを推測の行為に参加させます。もし(what if)企業がこの地域から撤退したら、川は活性化するのでしょうか？　もし(what if)毒のない別の染料ができたとしたら？　これらの問いは数学的な性質を持つ「what-if-not?(もし-だったら)」の質問と同じ構造をしています。それはある組織で作用している変数やつながりを特定し、それらの変化が組織にどのような影響を与えるかを調査することなのです。

○——環境問題への不安　Eco-anxiety

気候の変動に関する問題を授業に取り入れる際に考慮すべき重要な点は、不安を引き起こす可能性があるということです。教師として重要なのは、子どもたちが自分の気持ちを話し合える場をつくることです。実は、教室で子どもたちに提示するどんな文脈にも同じことが当てはまります。ある人にとっては抽象的な考え(例えば借金に関する質問)に見えることでも、他の人にとっては生活経験であり、強い感情を呼び起こす可能性があることに気づき、敏感になる必要があります。同じように気候変動問題は身近なものとなってきています。西部ではこれまで、気候変動に関する問題を比較的抽象的にとらえることが多かったのですが、熱波や山火事、洪水の頻発している現状があります。気候変動に直接関連した死別を経験した子どもは増えています。だからと言って、その話題を避けるのではなく、感情や感情を揺さぶる可能性のある話題については、オープンな対話の場を設ける必要性を認識した上で、その話題に取り組むことが大切なのです。

まとめ

ドグマCでは、アラン・ビショップの研究を取り上げました。ビショップは、西洋の数学観と実践を形成する3つの組の価値観、「合理主義と客観主義」、「支配と進歩」、「開放性と神秘性」を提唱しました。これらの価値観を紐解くと、数学がいかに文化に左右されないことからほど遠いかがわかりました。そして私たちが数学とは何だと考え、どのように学んでいるかに影響する主観的でイデオロギー的な選択を強調しました。数学という教科のこのような価値観への認識を高めることは、私たちが教え、あるいは他者と協働する際に提示したい数学の価値について考える可能性を開きます。テクノロジー社会では、数学を教える責任のひとつは、子どもたちに便利な数学の道具(利益や生活保護費の計算の仕方、データの解釈の仕方など)を教えることだけでなく、その道具の限界(例えば、その道具を使うことで誰が得をし、誰が疎外されるのか)を考えさせることでもあります。

この章では、社会的・地球環境的公正のために数学を教えること、そして可能であれば、数学の道具を使い、その使い方を振り返るという作業に焦点を当ててきました。また文化に対応した数学教育(Culturally Responsive Mathematics Teaching)として知られる研究を概観しました。続いて環境に焦点を当てた取り組みについて詳しく見てきました。気候モデルについて、石油の消費量について、そして河川汚染に対する地域社会の対応についてです。複雑な問題に取り組むときの子どもたちの能力が示すのは、「特別な才能をもつ人だけが数学をする」という私たちの次のドグマを否定するものでした。

 D

数学は才能のある人のものでみんなのものではない

という思い込み！

'Maths is for some people, not others'

ナタリーの体験談

カナダのブリティッシュコロンビア州で教えていた最初の年、私は7年生、8年生、9年生（イングランドとウェールズの6年生、7年生、8年生に相当）の子どもたちが同じクラスにいる複式学級を受けもっていました。当然ながら、何人かの児童（ほとんどが女の子）は、数学が苦手であることをすぐに私に教えてくれました。もちろん私は彼らの思い込みを払拭したいと思いました。その1年間をかけて、私は彼らが数学でうまくいくことを理解させようと努めました。物事を別の方法で説明させたり、球面上でできる幾何学など、計算にはあまり関係ない数学的な考え方を紹介したり、また、彼らが自信をもって考えるために必要な時間と空間を設けたりしました。

年末、子どもたちが演劇の先生と準備したショーのリハーサルをしていたときのことです。彼らは歌い始め、私も一緒に歌うように勧めてきました。すぐに私は歌が下手だと伝えました。「信じて！　私が仲間入りしたら、やめてほしいと思うはずよ」と。9年生の一人、アレクサンドラは反抗的な目で私を見つめました。「よくそんなことが言えるね」と彼女は言いました。「数学のことは苦手だと言ってはいけないと一年間言い続けてきたのに、歌のことは言っていいの？」と。これは衝撃的でした。私は彼女を失望させたと感じました。私が言い続けたことを私自身が実践していないことがわかってしまったのだから。私は、何を学ぶかだけでなく、自分自身についてどう考えるべきかを子どもたちに求めるということについての責任の重さに気づいていませんでした。

イングランドの小学校の職員室に行けば、子どもたちと算数について「能力」という言葉で議論しているのを耳にするのではないでしょうか。「私のクラスの能力の高い子たち」や「クラスの上位の子たち(my highers)」、もちろん「クラスの下位の子たち(my lowers)」といった言い回しは当たり前でしょう。確かに、数学が他の子より早く「わかる」子がいるように見えることもあるでしょう。「優秀だ」と言われる子どもたちの中には、計算が得意だったり、代数の意味をすぐに理解できたり、週や学期が変わってもアイデアを保持し、複雑な知識のネットワークを構築できるような子どももいます。一方で、「低い子たち」と言われる子どもたちの中には、数とは何か、どのように計算できるかを理解するのに時間がかかる子どももいます。ある授業では指示通りできても、次の授業ではやったことを忘れてしまうかもしれません。分数のような概念は永遠に謎に包まれているようです。そのようなカテゴライズや言葉遣いは、一見当たり前で自然に見えます。しかし、この章と次の章で示唆するように、

「数学は才能のある人のためのものであり、みんなのものではない」というドグマは、おそらく本書で取り上げる5つのドグマの中で最も危険で破壊的なものです。

もちろん、能力という考え方は数学だけに当てはまるものではありません。人間には生まれながらにして特別な才能が備わっているという民間心理学的な見方があり、そうした見方は、13歳で大学進学、6歳のピアノの名手、10代のオリンピック選手などの天才児の話によってさらに増長されます。ある者は、他の者にはない特別な「才能」をもって生まれてくるという感覚です。アインシュタインが学校でうまくいかなかったというような逆説は、あまり知られておらず、考慮されていないようです。人気科学ライターのマルコム・グラッドウェルは、さまざまな分野の熟練職人を調査した結果、彼らは皆、熟練者になるまでに自分の選んだ技術を約10,000時間かけて練習してきたと述べています(Gladwell, 2008)。おそらく、生まれながらにして天賦の才をもつという天才の神話は、機会と熱望さえあれば、私たち一人ひとりが何にでもなれると考えるよりも、心安らぐ幻想なのでしょう。その種の物語は、[自然/才能]対[文化/機会]という暗黙の二元論を設定し、説明の重みを一方だけに押し付けるものです。

人生のさまざまな領域で特別な能力を発揮するという考え方には歴史があります。次項でその歴史をたどっていくことにします。能力への偏重が世界的な現象ではないことは、この段階で述べておくことに意味があります。たとえば1980年代に行われた、子どもの学業成績に関する親の所見に関する調査では、中国人の親が学業成績の低さの主な原因を努力不足に求めるのに対し、白人系アメリカ人の親は、学業成績の低さの原因を能力や運など、より幅広い要因に求めるという大きなパターンが示されました。ノルウェーでは1978年から2003年まで、点数や「能力」による学力別クラス編成は法律で禁じられていました。

○——「知能検査」の台頭

私たちは、いくつかの国における現在の能力観は、過去150年にわたる知能テストの歴史と直結していると見ています。19世紀に遺伝子と遺伝が発見され、チャールズ・ダーウィンの従兄弟であるフランシス・ゴルトンがつくった「優生学(eugenics)」という概念が生まれました。ゴルトンは、ギリシア語で「よく生まれた」、「よい家系の」、「よい出生の」を意味するeugenesからeugenics(優生学)という言葉を使用するようになりました。ゴルトンは、能力や遺伝がどのように世代から次の世代へと受け継がれていくのか、特に人種が能力や知能に及ぼす影響に関心を寄せていました。多くの大学は、優生学に正当性を与える歴史的な役割を果たし、一部ではこの役割は近年まで続けられていました。例えば「ロンドン知能会議(London Conference on Intelligence)」の秘密会議を通じて、2015年まで優生学の議論があったのです。ギフテッドの考え方は、個人の生まれつきの能力のレベルが異なるという考えを強調しているように見えます。

遺伝の科学が始まったのと同じ頃、人間の心の体系的な研究(「心理学」)が始まり、知能の問題にも関心が集まりました。白人／男性／上流階級が他より知能が高いということを主張したいのであれば、知能を測定する方法が必要なのは当然のことです。最初のイギリスの心理学者の一人であり、知能検査の台頭の重要な立役者の一人であるチャールズ・スピアマン（1863-1945）は、テスト（心理測定テスト）で測定できる知能の理論を構築したことで知られています。複数のテストの分析から、彼は人々のスコアのばらつきはたった2つの因子で説明できることを理論化しました。人には思考における一般能力（彼はこれを「g」と名付けました）と、目の前の特定の課題に関連した特殊能力があると彼は考えました。

スピアマンの理論は、私たちがドグマAで提示した学習の「木」のイメージと興味深いつながりがあります。最近の多重知能理論（論理的、視覚的空間的、言語的など）も、このようなイメージとはっきりとしたつながりがあります。子どもにはさまざまな学習スタイルがあるという理論は、人間にはさまざまな領域で特定の知能や能力があるという考え方とも関連しています。しかし、学習スタイルにおいてはまったく信用されていません。

スピアマンの知能理論は、知能検査の台頭に直結しています。もし私たちに一般的な知能「g」があるのなら、それを測定することは有益であろうという考えです。まさにIQ（知能指数）検査は、さまざまな技能の能力を評価し、その得点を最もよく説明する「g」の値を分析するように設計されています。

最近の神経科学は、スピアマンの知能モデルを無効としています。さらに、IQテストによる知能検査には、中流階級文化に対する著しい偏見が含まれていることも明らかになっています。言い換えれば、IQテストの項目には文化的・歴史的な前提が含まれており、社会経済的背景が低い子どもにとっては、社会経済的背景が高い子どもに比べてアクセスしにくいことが判明しているのです。このような目に余る欠点があるにもかかわらず、知能という考え方は社会や民間心理学に強く根付いているようです。

「知能」という概念を誤用することの危険性は、20世紀初頭の知能検査の恥ずべき歴史ほど顕著な例はないでしょう。当時、検査は国家の遺伝的プールの「ストック」を向上させようとする概念と結びついていましたし、遺伝的系統を「純粋」に保とうとする、あからさまな人種差別的感覚とも結びついていたのです。アメリカでは20世紀、『精神薄弱者の不妊手術』委員会が運営され、何万人もの市民が強制的に不妊手術を受けさせられました。主に白人労働者階級の女性たちです。信じられないことに、アメリカでは「知能」に基づく不妊手術が1970年代に本格化し、最終的に1981年に終了しました。

不妊手術の実施や人間の特性を「品種改良」するという考え方は、現在では忌み嫌われているように見えますが、そのような行為を正当化するために使われる「知能」という概念は、人間の能力に関する視点として、これまでと同様に根強く保持されているように思われます。言い換えれば、不妊手術は、架空で本質的に偏ったIQの階層の最下層にいるとみなされた人々に影響を与えるひどいプログラムでしたが、IQの階層があるという誤った考えは、今日でも一般的に信じられています。スピアマンの知能観が影響を与え続けている具体的な例として、ある教科における「能力」によって児童生徒をグループ分けすることが挙げられます。この慣習を歴史的な観点からとらえれば、セッティングとは、「気が強い」とされる人たちをまとめ、「気が弱い」とされる人たちに干渉されないようにするための方法なのです。

○――セッティングの慣行

知能神話と、それに関連する「数学は才能のある人のものであり、みんなのものではない」というドグマがもたらした直接的な結末のひとつが、イギリスの学校で一般的に使われている「セッティング」の普及です。数学では日常的に、同じような「能力」の子どもたちでグループ分けし、「上位者」から「下位者」までそれぞれが同じテーブルでまとまって授業を受けます。グループ名を隠そうとしているにもかかわらず、子どもたちは、常に自分たちの正体を知っています。また、大規模な小学校では、特にその年の後半になると、子どもたちが「能力」によって異なる教室に配属されることが多くなります。

私たちは、子どもたちがいったん「最下位のテーブル」や「最下位のグループ」に置かれると、その位置から動くことはほとんどないことを知っています。このような配置をすると、独立した到達度テストで評価した場合でも、高い確率の誤答が生じることがわかっています。有色人種の子どもたちや社会経済的背景の低い子どもたちが、下のグループに偏っていることがわかっています。「下位」のグループには、創造的思考や問題解決の機会が少なく、他のグループよりも定型的で反復的な課題を与えられる傾向があることを知っています。この状況はアニメ番組『ザ・シンプソンズ』の次のシーンによく表れています。バートが「補習」クラスに送られて文句を言います。

「はっきり言わせてもらうと、私たちは他のクラスより遅れている。彼らよりゆっくり走ることで追いつくつもりなのか？」（www.youtube.com/watch?v=5wguuKpRJRE）

しかし、セッティングがもたらす結果は決して喜べるものではありません。学校の数学でつまずくと、自尊心の面でも、高等教育やさらなる資格取得へのアクセスの面でも、人生に壊滅的な影響を及ぼす可能性があること、またそのような障壁が何世代にもわたって不利益をもたらす可能性があることを、私たちは知っています。イングランドでは毎年、16歳の子どもの約20％が、テクノロジー社会で活躍する市民として必要な国際的な数学的習熟度に達していません。これは驚くほど高い割合でありますが、これまでのところ、この割合を改善しようとする試みは成功していません。

イングランドでは、2014年のカリキュラム変更直後に導入された数学への「マスタリー」アプローチの結果のひとつとして、小中学校で「混合」または「混合到達度」または「混合能力」の教室を推進する動きがあります。セッティングのあり方が疑問視されるのは、この何十年もの間なかったことですから、歓迎すべきことです。けれども私たちが懸念しているのは、「能力」や「知能」について異なる考え方をしない限り、どのようなクラス編成をしようとも、「何ができて何ができないか」という先入観によって、子どもたちが暗黙のうちに分類されてしまう危険性があるということです。学校での仕事における人間関係についてわかっていることがひとつあるとすれば、私たちは期待に応えようとする傾向があるということです。

○——知能からマインドセットへ?

知能という概念に対する解毒剤となりうる次の理論は、開発されて以来、イングランド(アメリカやカナダも同様)の多くの学校職員の注目を集めています。人間には「固定されたマインドセット(fixed mindset)」と「しなやかなマインドセット(growth mindset)」のどちらかがあるという考え方です。この区別は、アメリカの心理学者キャロル・ドゥエック[▸01]による造語で、数学教育者のジョー・ボアラー[▸02]が提唱しています。固定されたマインドセットとは、人間は生まれながらにして変えることのできない一般的な能力をもっていると思い込んでいることです(例えば、スピアマンの知能理論など)。固定されたマインドセットとは、失敗を「自分には成功する能力がない」ということの裏付けと考えることです。しなやかマインドセットは、学習を通じて自分の新しいスキルや能力を開発できるという信念から生まれます。しなやかマインドセットでの失敗は、痛みを伴うかもしれませんが、学習の新たなプライオリティを明確にするために、ポジティブな形で使われるのです。これらの定義に対する最初の疑

▸01 | キャロル・S・ドゥエック著、今西康子訳『マインドセット「やればできる!」の研究』草思社、参照

▸02 | ジョー・ボアラー著、鹿田昌美訳『「無敵」のマインドセット　心のブレーキを外せば、「苦手」が「得意」に変わる』ハーパーコリンズ・ジャパン、参照

念に対し、固定されたマインドセットを示すような行動は、失敗や不利な状況を何度も経験し、その状況を考えると、これ以上努力する価値がないという結論に達したことが原因で起こる可能性もあることに言及しておきます。間違いは、必要な「能力」が欠けていることの確認としてではなく、学校教育の暗黙の「ゲームのルール」（もちろん、礼儀作法などの中流階級のルールになりがちですが）に対する洞察力の欠如を示すものとして経験されるかもしれません。

しなやかマインドセットの育成を期待して、子どもたちが間違いを積極的に利用することを促進するために考案された、学校での取り組みや指導法が数多くあります。IQをテストする代わりに、子どもの「マインドセット」が成長型か固定型かを調べるテストが行われるようになりました。2018年に行われたメタ研究（つまり、他の研究を照合した研究）では、次のようなことがわかりました。

- 子どものしなやかマインドセットの指標と学校での成績との関連は弱い。
- マインドセットを指導することによる子どもの学力向上効果はほとんどない。

しかし、社会経済的背景の低い子どもたちには、マインドセットの指導が何らかの効果をもたらす可能性があるという証拠もありました。その後のいくつかの研究でも、マインドセットの指導の効果はほとんどないことが示されていますが、環境的に恵まれない子どもたちに対しては若干良い結果が得られています。

全体として、マインドセットの区別は魅力的であるにもかかわらず、学校での使用は期待されたような変革的効果をもたらしていないようです。指導のあり方そのものを改善する必要があるのかもしれません。少し論理的に難解な点があります。固定されたマインドセットから抜け出すにはしなやかマインドセットが必要かもしれないので、どのように固定的な考え方から脱却していくかが明確ではないのです。マインドセットとその測定の考え方は、先に取り上げた知能の考え方に近いように感じます。マインドセットは私たちが「所有」しているものであるように思えるので、IQの測定と同じような論理で運用されています。おそらく、マインドセットという考え方が魅力的で支持されている理由のひとつは、まさに私たちの社会や考え方に組み込まれている、知能に関する歴史的な考え方に合致しているからでしょう。

私たちはこれまでの研究を通じて、子どもたちに対する二元論的な考え方、つまり子どもたちを2つのグループのどちらかに分類するような考え方には警戒心を抱くようになりました。本章の冒頭で述べた「上位」の子どもたちの説明は、「しなやかマインドセット」をもつ子どもたちの定義として役立ちます。同じ様に、「下位」の子どもたちの説明は、「固定されたマインドセット」をもつ子どもたちを定義するのに役立つでしょう。教師として「マインドセット」を考えることは、「上位／下位」よりも変化の可能性に希望が持てますが、それでも、子どもたちを望ましい行動をとる子と、何らかの「不足」が認められる子に分類することにつながるかもしれません。人々に何が欠けているかを考える「欠如モデル」は、すでに疎外されている人々を疎外する傾向があります。「数学が得意な人がいる」というドグマを乗り越えるということは、子どもたちに対する二元論的思考から離れるということです。教師として、親として、パートナーとして、「良い対悪い」のどちらかに分類されることを望む人はいないでしょう。私たちは私たち自身の生活の中で、状況によって、時と場合によって、また文脈によって、さまざまな技術や知恵をもって異なる行動をとることを知っています。ですから、どんなグローバルな基準も不公平で誤解を招くでしょう。

しかし、「数学の才能をもつ人がいる」というドグマによって強化されたグローバルな基準こそが、私たちが子どもたちの数学に関して行っていることなのです。実際、私たちがある人は数学が得意だと言う時は、背が高いとか、金髪だとか、イギリス人だとかいうのと同じようにその人に特定の特徴を割り当てています。私たちは彼らのアイデンティティについて何か言っているのです。そのような属性はかなり客観的で固定された特徴であると見なす傾向があります。次の左のイメージでは、“私”という人がいて、その人にその人を表すラベルをたくさん貼ることができます。現実では、誰も固定的で静的な存在ではありません(完璧に丸い人などいないのです!)。私たちは動き、呼吸し、歳をとります。さらに、私たちは環境の中で生きていて、その環境から自分を切り離すことは困難です。重力が弱い月面での生活は、地球上での生活とは違います。年上の兄弟がいる環境で育つのと、いない環境で育つのとでは、まったく違うでしょう。もし自分自身を静止した物体としてではなく、プロセスや出来事としてとらえたらどうなるでしょう？　私たちがどのように環境を形成し、環境によって形成されているかを表現するために、私たち自身を多孔質[▶03]で拡張されたものとして想像してみたらどうでしょう？　右のイメージは、私が誰であるかという観点ではなく、私が何をし、どこに行き、どのように振る舞うかという観点で、“私”という概念を表現しようとしています。ラインのカーブは、環境の中のある制約に対する反応であり、私をある方向へ、あるいは別の方向へと押しやるものです。その一方で、私は痕跡を残し、それによって環境に印をつけるのです。

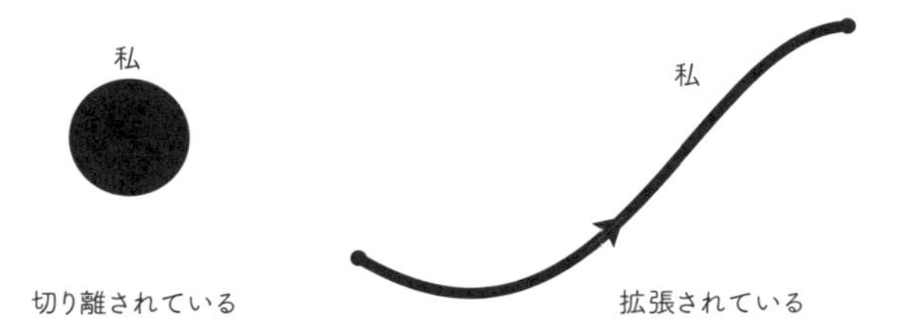

知能を再考する

では、私たち自身が誰かを知的だと思っているとしたら、そ

▶03｜多孔質とは表面に小さい穴がたくさんあいている性質のこと。軽石、炭、貝殻、植物、骨などの組織は多孔質構造をしている。

れはどういう意味なのでしょうか？　違いを否定的でない形で考えるにはどうしたらいいのでしょう？　数学の例を考えてみると、どのような状況からも学ぶには、アイデアが形成されるのに十分な時間、「それに付き合う」能力が必要なようです。何か新しいことを学ぶためには、まず曖昧さやわからない状態を許容できるようになる必要があります。しかし、このような立場に置かないようにするメカニズムを、私たちは誰もが人生のあらゆる場面で多く経験してきています。例えば、大人になると、よく「ああ、私は整理整頓が苦手な人間なのだ」というように自己防衛的なフレーズを使うようになります。それは、どうすれば状況を変えられるかという問題を回避する方法として使っているのです。私たちは皆、人生のある側面では固定されています。

学びを進めるには、曖昧でわからないことだらけの空間や時間を許容する姿勢が必要です。子どもによって、これを心地よいと感じる時期も違うでしょう。時間が経つにつれて、こうした感情は態度や習慣となっていくかもしれません。その結果、ある子どもは他の子どもより生まれつき才能があり、より多くの「能力」や「知能」を持っているように見えるかもしれません。ここで強調したいのは、このような印象はずっと以前からあったものであり、子どもの潜在能力とは関係なく、決して固定したものではないということです。

才能や知能という枠組みで子どもについて考えるということは、他の子どもにはないものを「持っている」と考えることです。学ぶことを所有する行為とみなすと、子どもたちを、その概念、能力、知能、考え方を「持っている子」と「持っていない子」に分類してしまうのは、おそらく避けられないことでしょう。もし、私たちがカリキュラム上の子どもたちの理解度の概念を考えるとすると、必ず何らかの理解があるはずだと考えます。それは決して固定的なものではなく、二人の人間がまったく同じ理解をしているわけはないことは確かです。学習を所有として考える代わりに、別のメタファーとして、参加することとしての学習(点のように静的なものではなく、線のように能動的なもの)というものがあります。参加することとしての学習を考えることは、私たちが「持っているかもしれない」「持っていないかもしれない」ものから離れ、状況の中で私たちがどのように行動できるかに焦点を向けることです。学習の「所有」あるいはそれを「持つ」というメタファーは、自分の能力だけを持って世界に立ち向かう、孤立した子どものイメージを呼び起こします。学習の参加というメタファーは、すぐに文脈を浮かび上がらせ、どのような手段があるのか、他の人はどのように参加しているのか、といった問いを呼び起こします。学びを「参加すること」ととらえれば、ある課題(スポーツなど)に参加することが、カチッとはまるときもあれば、そうでないときもあることがわかります。そうなると、学習においても、誰かが“オフ”の日を過ごしたり、何かを得られなかったりすることに対しても、その人の知能について決めつけることなく、寛容になれるかもしれません。

きくことを選択する[04]

子どものできること、できないことに焦点を当てるのは、大人やカリキュラムの期待があるからです。もし子どもたちが何を知っているのかを知りたいと思うのであれば、それは「所有」という考え方であり、子どもたちの言うことが、特定の文脈における理解とはどのようなものかについての枠組みや仮定にどのように当てはまるかを見ているのでしょう。ドグマBで述べたように、学習について違った考え方をする一つの方法は、違ったきき方に取り組むことです。きき方を選択するのは奇妙に思えるかもしれませんが、数学の授業は大きく変わる可能性があります。

小学校の教室で過ごしたことのある人なら、教師が発問し（例えば「7×8はいくつですか？」）、子どもが答え（「56です！」）、教師がその答えを評価する（「素晴らしい、よくできました！」）というやりとりを経験したことがあるでしょう。このような流れは、教師にとって、子どもがその年齢に合ったその時間に必要な知識を持っている（所有している）ことを確認することを意味するかもしれません。答えがわかっているのに質問するというのは、一般的には教育や学習の場面でしか見られない珍しい会話形式です。ブレント・デイヴィスは博士論文で教師のきき方の形態を

▶04｜「きく」には、日本語では、一般的に使われる「聞く」（「門構」のつくりから、聞くための場をつくる意味が含まれる）、「聴く」（注意深く耳を傾ける）、「訊く」（尋ねる）などの漢字がある。本文の「きき方」はどの意味も含まれるため、「きく」とひらがなで表記した。

研究しています。彼ならこの例の教師のきき方は評価的であるとラベルを貼るでしょう。教師はあらかじめ答えを用意しておき、子どもの反応が教師の意図に合っているかどうかによって、子どもにフィードバックを与えます。このような状況で子どもが何を言っても、何が正しいパフォーマンスなのか、あるいは正しくないパフォーマンスなのかについて、教師の考えを変えさせることはできないでしょう。

「7×8はいくつですか？」という最初の発問からわずかにシフトするだけでも、他の形のきき方や会話を生み出すことができます。例えば、「7×8をどのように計算しますか」という問いはもっとオープンです。教師はどんな答えが返ってくるかわからないし、考えは1つではありません。教室の会話はこのような感じになるでしょう：

教師：どうやって7×8を計算しますか？　答えが知りたいのではなく、どうやって答えを出すのかが知りたいのです。

子ども1：ただ、わかったんだよ。

教師：わかっただけなのですね。簡単に思い出せる事実があると役に立ちます。ありがとう。誰か別の方法がありますか？

子ども2：私は7ずつ数えます。

教師：それは何かに書きますか、それとも頭の中で数えますか？

子ども2：頭の中で数えます。

教師：OK、それをみんなで試してみましょう。誰か別の方法がありますか？

子ども3：5×8の答えを出して、そこから数え上げます。

このやりとりでの教師のきき方は非評価的で、回答の正否について判断することはありません。答えではなく方法に焦点を当てることは、評価的でないきき方をサポートするひとつのメカニズムです。個々の子どもたちの答えを評価するのではなく、さまざまな方法を収集し、その長所と短所を比較することができます。「……はいくつ(何)ですか？」から「……をどうやって解決しますか？」へとシフトすることにより、教師にとって問いは真正なものになります。ひとつの「最善の」方法を教えるのではなく、子どもたちが幅広いアプローチを柔軟に使えるようにするのです。子どもたちの反応は、教師が「能力」を評価するためだけのものではなく、互いのリソースやアイデアとして機能するようになります。子どもたちの意見をボードにまとめ、他の子どもたちが試せるようなツールの集合を提供することもできます。

質問をして、どんな反応や返事が返ってくるかわからないのは怖いと思うかもしれません。評価的なきき方には安全性があります。特に教師自身が数学に不安を抱いている場合はなおさらです。選択肢は正しいか間違っているかだけなので、自分がどこにいるのか、どんな答えに対してもどう反応するのかがわかるはずです。方法に焦点を当てることにすぐに移行すると、教師はその方法が機能するかどうかがすぐには分からない可能性があり、予期せぬ反応に対処する必要が出てきます。

私たちが小学校の教師を対象に行った研究では、評価的でないきき方をサポートする安全なメカニズムのひとつは、「数学的に考える」または「数学者のように考える」という考えを呼び起こすことです。私たちは、この1年間の学習の目標は「数学的に考える」ことを学ぶことだと、教師が学級で話している教室で研究したことがあります。このような教室では、「数学的に考える」あるいは「数学者のように考える」という言葉は、問うこと、パターンに気づくこと、予測を立てること、間違いを恐れないことなど、幅広い属性と結びついていきます。「参加することとしての学習」というメタファーが、ここにも関連しているのです。教室は、内容だけでなくプロセスによって定義される数学的活動に参加する場となるのです。

学習内容とともに伸ばすべきスキルに焦点を当てることは、教室で子どもたちに「寄り添う」ことをサポートするために使用することができます。私たちは、子どもがうまくいくかどうか確信が持てないアイデアについて話すのを教師が聞いて、次のように言うのを観察してきました。「これを数学的に考えるなら、うまくいくかどうかを確かめるためにはどうしたらいいでしょう？」何度か促すことで、その子どもは自分のやり方やアイデアを、場合によっては仲間と一緒に、あるいはクラス全体で検討することを通して、取り組むことができるようになっていきます。私たちは、数学的スキルの育成に焦点を当てることで、数学の授業で子どもが何か言ったらすぐに答え、評価しなければならないという自らに課したプレッシャーから教師が解放されることを観察してきました。クラスの全員に、数学者のマント、つまり「数学する人」のマントを着てもらうことはできます。

評価的でないきき方は、小学校の教師なら誰でも知っているスキルであり、すでに頻繁に使っています。しかし、評価的でないきき方は、美術、演劇、文学、音楽を扱う授業だけに限られているのではないでしょうか。能力で考えることを緩める一つの方法は、数学の指導にこのような評価的でないきき方を取り入れる方法を見つけることでもあります。一部の子どもを「数学が得意な子ども」と考えるのは、単に評価的なきき方の環境でうまくやっていける子どもたちを指しているにすぎないのかもしれません。

私たちは、小学校であっても各学年の必要な学習内容をカバーしなければならないというプレッシャーを意識しています。その中で、評価的でないきき方は、ただ評価を与えたり指示したりするよりもずっと時間がかかるように思えるかもしれません。私たちは、少なくとも授業において、問題にこだわり、皆で立ち止まり、意味を見出す瞬間が必要であることを提案しています。小学校教師のキャロライン・オメシャーは、数学の指導と学習における「スローな教育法」の必要性について書いています(Ormesher, 2021)。事項では、必要なカリキュラムの内容をカバーしながら、数学の授業にじっくりと取り組むことがどのように可能かについて述べていきます。

○——共同的な数学

子どもたちの能力に焦点を当てるのではなく、教育を再構築するもうひとつの方法は、より「共同的」な数学とはどのようなものかを考えることです。児童が決められた課題をこなせない場合、その情報を使って(あるいはそのまま)現在の進歩や発達の状態を記録するのではなく、この児童がやり遂げるためにはどのようなツールやリソースが必要かを問うこともできます。数学の授業では不思議なことに、いくつかの道具の使用が禁止されています。例えば、複雑な問題を解くためにペンと紙を使ったり、位取りを使ったりする子どもを、私たちは通常止めることはありません(ローマ数字などを学ぶような場合を除いて)。けれども、数表、他の子どもたちとの会話、電卓など、他の道具を否定することはよくあります。イギリスの数学教育教授ルル・ヒーリーは、このような道具の可否の区分は恣意的であり、意図せずとも、目の不自由な学習者、耳の不自由な学習者、長い指示のリストを処理するのが困難な学習者、任意の事実を記憶するのが困難な学習者など、ある一部の集団に不利益をもたらす可能性があると指摘しています。

教室での共同の活動のひとつに、数表を使った詠唱があります。詠唱というと、暗記や暗譜につながると思われがちです。私たちの詠唱のイメージは少し違います。私たち二人が教室での詠唱に使った道具のひとつに、カレブ・ガテーニョがデザインしたテンス・チャートがあります。

1	2	3	4	5	6	7	8	9
10	20	30	40	50	60	70	80	90
100	200	300	400	500	600	700	800	900
1,000	2,000	3,000	4,000	5,000	6,000	7,000	8,000	9,000
10,000	20,000	30,000	40,000	50,000	60,000	70,000	80,000	90,000
100,000	200,000	300,000	400,000	500,000	600,000	700,000	800,000	900,000

この表に慣れていないクラスでは、命数法の練習に使うことができます。数をタップして、その数詞をクラス全員で一斉に言ってもらうのです。低学年の場合、最初は十の列を避けます。この列は、英語の体系では唯一不規則な名前の行だからです。イングランドの「マスタリー・プロフェッショナル・ディベロップメント教材」でも、11～19の範囲に戻る前に、20～100の数詞に取り組むことを勧めています。

やがて、教師が「300」、「60」、「8」の順にタップすると、子どもたちは「300と60-8」と言い返すようになります。これはしばらく続くかもしれないし、いろいろな組み合わせを模索するかもしれません。私たちは、クラスで1日5分から10分、表を使って何か話したりすることを習慣づけることが効果的であることを発見しました。

数をタップして、子どもたちに1大きい数か1小さい数を唱えさせることもできます。同じように、10大きい数、10小さい数、100大きい数もできます。書くことにまで発展させて、子どもたちがある数を選び、3減らすことに焦点を当て、3つずつ減らし続けるとその数がどうなるかを書き出すことができます。

数をタップするのに必要な動きや、数に対する操作(例えば、1を足すなど)に子どもたちが注目するように仕向けることができます。教師の中には、子どもたちがコーラスに合わせてジェスチャーできるように、小さな表を印刷する人もいます。あるいは、子どもが前に出て、大きな表で指さしをすることで、詠唱をリードすることもできます。この表は、私たちの文字による数体系がどのように構成されているか、また、数詞のほとんどが規則正しく並んだパターンに従っていることを明らかにしています。コーラスワークは、子どもたちが互いに影響し合う可能性を与えてくれます。子どもがしばらくの間離れて、観察し、聞いて、再び参加することもできます。言語のパターンは、慣れによって見えてくるものです。表を定期的に一貫して使用すれば、子どもたちが準備のできた時点でつながることができます。

次項では、能力、知能、マインドセットを子どもたちの比較的安定した能力（そして数学ができる人とそうでない人がいるという仮定）としてとらえる考え方から離れ、所有を伴わない学習のメタファーとしてとらえた実践のケーススタディをいくつか取り上げます。

実践編 **D**

共同的な数学を目指して

Towards a communal mathematics

この節では、共同的なアプローチが用いられ、学習が所有としてではなく、参加やパフォーマンスとしてとらえられている教室での、2つの実践を紹介します。

子どもたちのことを「能力」という観点から考えたり話したりすることは、知らず知らずのうちに、「数学ができるのは一部の人間だけだ」というドグマを支えています。共同的な数学とはどのようなものだろうか？という問いには次のようなことを含みます。子どもたち一人ひとりが概念を理解することではなく、子どもたちが集団で概念づくりに参加することに重点を置くとしたら、授業はどのようになるでしょうか？　理解することに重点を置くことの代替案が暗記学習やドリルのやみくもな繰り返しに戻ることを意味するものではないということをこれらの実践が明らかにしてくれるでしょう。

○——負の数の実践

最初のケーススタディは、アメリカのラトガース大学に勤務していたボブ・デイビスの教育と研究によるものです。この大学には、1960年代にデイビスが始めたプロジェクト（「マディソン・プロジェクト」)から50年以上にわたる数学教育のユニークなビデオ・ライブラリー(http://videomosaic.org)があります。このコレクションの一部には、デイビスがさまざまなグループの子どもたちと一緒に活動している歴史的なビデオ映像があります。ここでは、イングランドのNCETMの「Mastery Professional Development Materials」で、子どもたちに負の数を紹介する方法として提案されている動画のクリップを取り上げます。私たちはこのアプローチに大きな可能性を感じています。2021年のTEDx talksでの講演で、アルフはドグマAを構成する前提に疑問を投げかけるために、このビデオ映像を利用しています。(www.youtube.com/watch?v=-Gajs_UNItU&t=52s)

このクリップでは、ボブ・デイビスが5歳前後くらいの子どもたちに教えています。以下の記録のRBはボブ・デイビス、(.)は短い間を、(...)は1秒以上の間を示しています[★01]。終盤に驚くべきことが起こりますので、ゆっくりとお読みになることをお勧めします。これまでの学習理論の正統性からすればありえないことですが、5歳の子どもたちは、負の数の概念に慣れ親しんでいるようにみえます。私たちは、その記録に簡単な考察を織り交ぜています。この映像は、RBがノラとジェフという子ども2人と一緒に教室の前にいるところから始まります。ノラは石の入った袋を持っています。

★01 | この記録はColes(2015)に掲載されています。

発言者	台詞	行動
RB	よし、ジェフが開始のタイミングを教えてくれるよ。君は「ゴー」と言うんだ。	
ジェフ	ゴー!	
RB	よし、始めよう!(.)そして、僕はノラが持っているバッグに石を3つ入れるよ。(...)石が3つ入ったぞ。	RBは3つの石を1つずつバッグに落とす。石が落ちる音が聞こえる。
RB	ジェフが「ゴー」と言った時よりも、バッグの中の石は増えているのかな、それとも減っているのかな?(...)シャルロット、どう思う?	
シャルロット	増えた	
RB	じゃあ、いくつ増えたのかな、もちろん全部でいくつかはわからないと思うけど、いくつ増えたのかな? ローリー?	
ローリー	3つ	
RB	3つ、そうだね。	RBは「3」と黒板に書く。

私たちは、ジェフに「ゴー」と言わせる機能について、長い間頭を悩ませていました。これは余計なことのように思えますが、デイビスはとても注意深い思想家であり教師であったので、意図的で意味のあることだと信じていました。最終的に私たちは、「ジェフがゴーと言った時」という、参照しやすい瞬間があることで、バッグの中の石の数を知らなくても、その瞬間からの石の数の変化に集中できることに気づきました。

発言者	台詞	行動
RB	じゃあ、今、いくつかの石をバッグから出すよ。いくつの石をバッグから出してほしいかな？(.)バーバラ、いくつの石を出してほしい？	複数の子どもたちが手を挙げる。
バーバラ	3つ	
RB	3つ。3つ出すよ、いいかい？　バーバラが3つ取り出すと言ったから、3つの石を取り出すよ。(.)1つ出したよ(.)2つ出したよ(.)これで3つだね。3つの石を取り出したよ。じゃあ、このことを書いた方がいいね。	RBが黒板に加筆して次のようになった「3－3＝」
RB	3つの石を出したね。今、ジェフが「ゴー」と言った時よりも、バッグの中の石は増えているのかな、それとも減っているのかな？　ええっと、ブレット？	
ブレット	同じ数だけある。	
RB	同じ数だけある。(.)きっとそうだろうね。ではここで私が言おうとしていることは、みんなは知らないかな？(.)サンディ？	RBはチョークで「3－3＝」の等号の右側の空間を指す。
サンディ	ゼロです。	
他の子たち	ネガティブゼロです	RBは「3－3＝0」と書く
RB	ゼロ。(.)そうか、この時はそうだったんだね。今度は別の二人がアシスタントしてくれるかな。(.)どうもありがとう。	ノラとジェフが席に戻る。
RB	誰かこのバッグを持ってくれないかな。(.)ポール、来てくれるかい？(.)あと、「ゴー」と言ってくれる人が必要だ。(.)ブルース、来てくれる？	ポールとブルースは、前に来る。
RB	いつ始めるのか、教えてね。	
ブルース	ゴー	

ここまでのところ、驚くようなことは何もありません。私た

ちが気づくのは、使われる言葉が美しくパターン化されていることと、この課題の進行の仕方に関する決まった儀式が展開されていることです。

次に何が起こるかを理解する上で、デイビスが黒板に書いた数が何を表しているかを考えることは極めて重要です。教師たちにこのクリップを見せると、「3は袋に入れた石の数だ」という反応がよくあります。そして、この回答は正しいように見えますが、それは何が起きているのかの微妙な部分を見逃していることなのです。この3は、その質問に対する子どもたちの答えです。そしてこれは、この課題におけるマントラのようなものなのです。「【児童名】が「ゴー」と言った時よりも、今の方がバッグの中の石は多いですか、それとも少ないですか？」言い換えると、この3はバッグの中の石の数の変化を表しています。ですから、子どもたちは石が入ったり出たりするのを見ることができますが、そこで記号化されているのは、石そのものではなく、石を使った行為なのです。この一見小さな変化が、その後の展開を大きく変えます。

発言者	台詞	行動
RB	「ゴー」、ブルースが「ゴー」と言ったね。ええっと、石はいくつ入れればいいかな?ナンシー、いくつ?	複数の子どもたちが手を挙げる。
ナンシー	5つ	
RB	5つ。(.)5つあるかな。よし、5つある、5つあるね。ここに5つの石があるから、これを5つともバッグに入れるよ。	RBは5つの石を手のひらの上に置く。彼はそれを1つずつ袋に入れる。1こずつ落ちている音が聞こえる。

発言者	台詞	行動
RB	じゃあ、忘れる前に書いておこうかな。	RBは「5」と黒板に書く。
RB	ブルースが「ゴー」と言った時よりも、バッグの中の石は増えているのかな、それとも減っているのかな？　ジェフ？	
ジェフ	増えてる。	
RB	いくつ増えてる？	
ジェフ	5つ	
RB	5つ。5つ増えてる、なるほど。じゃあ、いくつ取り出してほしい？　ノラ、いくつ取り出してほしいかな？	
ノラ	5つ	
RB	えー。(.)それはしたくないな。(.)他の数にしてくれる？	
ノラ	6つ	
RB	6つ、6つ取り出すよ。	
児童	最初からバッグの中に石が入っていたの？	
RB	そうしておいた方がよかったかな？(.)そうしなければ、こんなことはできないよね。	RBはいくつかの石を取り出し、手のひらに乗せて数える。

デイビスが、子どもが入れた数よりも多く石を取り出すよう要求するというシナリオを計画していたかどうかはわかりません。一人の児童が言っているように、これができるようにするためには、スタートの時点でバッグの中に石がいくつか入っている必要があります！　変化、つまり入れたり出したりする行動に焦点を当てることで、この瞬間まで、バッグの中の石の数を知る必要はなかったのです。ここから驚くべきことが起こります。

発言者	台詞	行動
RB	見ててね。(.)いち、に、さん、し、ご、ろく(.)よかったね。(.)6個ちょうどあるね。(.)よし、書いておこう。	RBは「5－6=」と黒板に書く。
RB	ブルースが「ゴー」と言ったときよりも石が増えたのかな、それとも減ったのかな？　ジェフ、どう思う？	
ジェフ	減った。	
RB	誰か、いくつ減ったかわかるかな？ノラ、いくつ減ったかな？	
ノラ	1つ減った。	
RB	じゃあ、1つ少ないことを示すにはどう書けばいいのかな？　セリ？	RBは「5－6=1」と書く。
セリ	マイナス1。	
RB	マイナス1。(.)じゃあそうしようかな。	RBは「5－6＝－1」と書く。

私たちはこのクリップを多くの教師に見せてきましたが、驚かないことの方が珍しいです。負の数の概念は無形であり、混乱を引き起こし、子どもたちにとって初等教育カリキュラムの複雑な課題のひとつであるというのが一般的な考えです。ジャン・ピアジェに影響を受けた学習理論（ドグマAを参照）によれば、子どもたちがこのような概念に取り組めるようになるのは11歳頃だとされていますが、ここでは5、6歳児がそれをいとも簡単にやっているように見えます。

何が起きているのかを解明してみる価値はあるでしょう。まず注目すべきは、クラスがひとつのまとまりとして動いており、全員が教室の一番前で行われる同じ課題に取り組んでいることです。もうひとつは、黒板に書かれた結果が問題の正しい表現なのかという議論や説明がないことです。記号はアクションに付随し、それについて大げさに主張することはほとんどありません。クラスの状況はちょっとしたゲームのようで、録画されたビデオを見ると、子どもたちが楽しんでいる様子がよくわかります。

物ではなく、変化に焦点を当てることは、意味のある区別です。重要なのは、数そのものではなく、数同士の関係を表すために数を使うことで、デイビスは負の数を正の数と同じように可視化し、具体化する道を開いたのです。子どもたちは、入れられた5個と比較して、6個の石が取り出されているのを見ることができます。バッグの中の石が前よりも1個少なくなることは明らかです。そして、ここでもまた、子どもが「ゴー」と言うことの重要な働きを見ることができます。石が多いか少ないかという変化をとらえるには、明確な出発点がなければなりません。

このゲームでは、最初から記号は物から抽象化されています。なぜなら、ここでの記号は関係性を表すと同時に、具体的な石を指しているからです。このような授業をする場合、子どもたちの注意を記号そのものに向けさせ、必要に応じて記号が表す行動を思い起こさせるとよいでしょう。ドグマEでは、「数学が難しいのは抽象的だからだ」という考え方について論じますが、確かにボブ・デイビスと一緒に活動している子どもたちは、彼らが扱っている抽象的な考え方を特別難しいとは感じていないようです。

デイビスの課題の成果は、子どもたちが、その年齢の子どもたちのための英国のカリキュラムの常識をはるかに超えた、負の数の記号的な使い方を身につけていることです。私たちは、彼らがこれらの記号について何を理解しているかは、現段階では必ずしも重要ではないと考えています。重要なのは、このゲームによって、すべての子どもたちが、負の数の一般的な表記法と一致させる方法で、数学的な文をつくったり、行為と結びつけたりすることにアクセスできることです。中には、石を入れた数と出した数から、結果の変化を予測するための近道に気づき始める子もいるでしょう。彼らは、この記号のルールと、これまでに経験した足し算や引き算などの他のプロセスとを結びつけることができるかもしれません。

記号を物ではなく関係に結びつけることは、共同的な数学を教えるための効果的な戦略です。グループ全体で行うこともできます。記号と関係を結びつける一つの方法は、行動を記号化し、その行動を実行することです。この戦略は、特に数学が苦手だと感じている人々にとって、数学をわかりやすく説明するのに役立ちます。一部の人だけが数学者であるというドグマに従うのではなく、すべての子どもたちを「数学者」にするのです。上の例では、負の数が一部の人(数学者)しか知らない神秘的なものとして存在するのではなく、誰もがアクセスできるものとして公開されています。

○──コーラス・カウントの実践

2つ目の実践は、ミーガン・フランケ、エルハム・カゼミ、アンジェラ・チャン・トゥルーの研究によるものです。私たちが推薦する本（Franke, Kazemi&Chan Turrou, 2018）の中で、ミーガン・フランケと同僚たちは、初等数学のための2つの核となる実践「カウントコレクション」と「コーラス・カウント」を紹介しています。これらの実践の目的は、子どもたちが授業に参加することを支援し、参加することを共同化することです。フランケたちは、こうした実践が、教師が子どもの話を聞き、子どもの数学的思考について学ぶのに役立つことを発見しました。彼らは2つのカウンティングの活動は、教室における公平性を実現し、「数学が得意」と見られる子どもたちだけでなく、すべての子どもたちがこの教科にアクセスできるようにするための方法だと考えています。

ここでは、ドグマDで「詠唱」と呼んでいたものと強いつながりのある「コーラス・カウント」が何を意味するのかに焦点を当てます。コーラス・カウントでは、教師がスタートする数とカウントアップまたはカウントダウンする数を選びます。例えば、子どもたちにゼロから始めて15ずつ数えてもらいます。この活動を効果的に行うために鍵となるのは、子どもたちの発言をボードに記録することです。どのように書くかを事前に計画することが重要です。これは、6ずつでカウンティングしたときの黒板での数の並べ方の一例です。「一例」だと言ったのは、同じコーラス・カウントでも、順序を変えて取り組むこともできるからです。例えば、行で書くか列で書くかを変えたり、行や列に含まれる数を変えたりします。

6	12	18	24	30
36	42	48	54	60
66	72	78	84	90
96	102	108	…	

子どもたちはカウントに従って出たり入ったりします。間があってもよいのです。子どもたちに自分の作戦を話してもらうこともできます。カウントを予測することが困難な瞬間(例えば100を超える場合)も、比較的簡単になる瞬間(例えば102の次が108)もあります。ある難関を再び越えるためのリズムを身につけるために、前の数からもう一度始めることもできます。クラスの子どもたちの多くがとても難しいと感じている場合は、2人1組で次に出てくる数について話し合い、納得したことを取り入れてもらうこともできます。

ある時点で、クラスみんなで十分に数を数えたと判断したら、数を数えるのを止めて、例えば、「何か気づいたことはある？」と尋ねます。子どもたちにボードに書かれた数を数えた記録を見てもらいます。上の数を見ながら、小学生の子どもたちがどんなことを言うのか、あらかじめ想像してみてください。いくつかのパターンは、子どもたちがまだ書かれていない数を予測するのに役立つでしょう。例えば、誰かが右側の列の数にパターンがあることに気づくかもしれません。つまり3倍になっていることに気づき、次は120になると予測するかもしれません。また、なぜそのようなパターンになるのか、理由を尋ねることもできます。右側の列の場合、なぜ30ずつ数が増えているのでしょうか？　この点は、カウントの記録方法が異なれば、注目されるパターンも違ってくるということです。

このようなコーラス・カウントの可能性は無限です。上記の通り、カウントはどんな数からでも始められ、いくつずつでも増減することができます。驚くべきことに、1ずつ数えることから気づくこともあるのです。小学1年生の子どもたちに実践した例（Franke et al. より）は、92から135まで1ずつ数えるというもので、水平に、1桁の数字が並ぶように下の行に移動して記録しました。その後、子どもたちは10ずつ、100ずつ、あるいは0.1ずつ、0.5ずつで数え上がることができるようになりました。ゼロからスタートして2つずつ下がることもあれば、1089からスタートして7つずつで下がることもできました。

コーラス・カウントは、楽しく遊びながら、子どもたちの大きな数やパターンへの興味を引き出すことができます。11～19という不規則な（英語の）数詞に注目するあまり見失われがちな、数体系の規則性に子どもたちが触れるきっかけにもなります。この活動の共同的な側面は、多くの西洋社会における個人主義への引力に対する小さな対抗軸として機能します。詠唱や合唱（コーラス）は、共同体のあり方や共同体としての責任感に通じるものであり、多くの先住民の知のあり方に通じるものです。数学ができる、できないは個人の問題ではありません。むしろ私たちは共に闘い、共に数学者なのです。

まとめ

「数学は才能のある人のもので、みんなのものではない」というドグマの歴史は、人間の知能に対する信憑性のない見方と結びついていました。マインドセットに関する最近の考え方や、子どもたちにしなやかマインドセットを持つよう励ますことは、知性を固定的な能力として捉えることから転換するという点でよいことだと思います。しかし、マインドセットという考え方は、ある教科の知能や能力は、子どもたち一人ひとりの内面にあるものだという前提を引き継いでいます。こうした見方は、子どもたちの生活環境を考慮していません。何かをする能力は、その人の過去の経験や、その話題にまつわる交流、利用できる情報など、さまざまなことに直結しています。しかしあまりに簡単に、子どもたちはある教科で特別な能力（またはマインドセット）を持っていると考え、意味もなくその特性は簡単には変わらないと思い込んでしまうのです。私たちは、幼少期の逆境的な体験が子どもの学習機会を損なう可能性があること、そして適切な支援によって子どもの学習能力に根本的な変化がもたらされることを知っています。それなのに、子どもたち一人ひとりのもつ可能性に心を開くのはまだ難しい段階なのです。

この章では、通常よりも個人主義的ではない、共同的な数学の課題に関する2つの実践例を紹介しました。どちらの場合も、子どもたちが共同で取り組む課題があります。数学的な記号は、目に見える関係や行動を表すために用いられます。子どもたちは、何を理解したか、理解できたかよりも、記号を正しく使うことに重点を置きながら数学を行っています。数学教育者であり、スティーブン・ホーキング博士のインスピレーションの源となった教師でもあるディック・タータ[▸05]は、かつて教師たちに

「記号を大切にすれば、感覚は自ずと身につく」とアドバイスしていました。言い換えれば、子どもたちが記号を適切に用いることができ、その記号が意味のある行動に結びつくような状況を設定するように心がければ、子どもたちは私たちが求めるその記号に関するあらゆる感覚を身につけることができるということです。

▶**05**｜ディックはホーキング博士が呼ぶ愛称である。本名はディクラン・タータ（Dikran Thata）

ドグマ E

数学は抽象的だから難しい

'Maths is hard because it is abstract'

アルフの体験談

姪と小学校の数学の授業について話すことがある。5歳くらいのとき、彼女の両親は数学のことで彼女と大げんかになり、憤慨して私にメッセージを送ってきた。会話はこのようなものだった。

娘：ゼロから下に数えていくと、いくつになる？
父：マイナス1だ。
娘：ううん、何をしなければならないかではなく、名前が知りたいの。
父：それがマイナス1だよ。
娘：違う！　それは何？！　名前は何なの？

この会話で、姪は「-1」という対象と1を引くプロセスの違いを理解していることがわかります。数学における混乱の原因のひとつは、同じ記号が、対象（例えば、数直線上の位置としての「-1」）とプロセス（例えば、数直線上の動きとしての「-1」）の両方に使われていることです。私たちは言葉の中で、プロセスと対象を区別しようとすることがあります。例えば、対象には「ネガティブ1」、プロセスには「マイナス1」を使います。(「ネガティブ・ワン」なら姪っ子も納得したかもしれませんが。)

何があったにせよ姪にとって困難だったのは、抽象的であることではなかったことは確かなようです。実際は、操作の結果と操作そのものを区別するという点で、5歳の彼女にとって非常に抽象的になったのです。幼い子どもたちは抽象的なアイデアや構造について考えることができないという考えは、この話によって覆されるでしょう。

芸術の領域では、「抽象」という言葉は、人物や風景や出来事を描写する具象芸術からの転換を示すために使われました。そのよい例が、ロシアの画家カジミール・マレーヴィチが描いた、白のキャンバスに80センチ×80センチの「黒の正方形」です。抽象画の作品は、認識や模倣ではなく、芸術と現実世界との類似性によって見る人を感動させます。抽象画家たちは、人生のさまざまな現実を表現しようと努め、そのため、しばしば色や形といった一次的な概念を前面に押し出しました。黒い正方形は、純粋で、実体のない思考の感覚を表現しており、それは可能性の泉のように感じられます。

「抽象的」という言葉の意味は、数学が抽象的であることの意味を理解するためにも、抽象的＝難しいという思い込みに疑問を投げかけるためにも役立ちます。語源的には、抽象的(アブストラクト)とは「引き離す」「切り離す」という意味です。抽象芸術が、表象芸術で一般的に表現される人物や場所、出来事から距離を置いているのと同じように、数学は私たちの日常的な世界での体験から切り離されている、あるいは遠ざけられていると多くの人が考えています。興味深いことに、おそらく有名なことかもしれませんが、抽象芸術は非常に簡単につくることができると考えられています。このことは、抽象的であることは必ずしも難しいことではないということを暗示しています。しかしながら、鑑賞者にとって、作品の内容を理解すること、あるいはその作品を「正しい」方法で体験したと確信することが難しいことはよくあります。美術館の中でも外でも、それをどう解釈したらいいのかの手がかりはあまりないことが普通で、フィードバックもほとんどありません。

これらのことはすべて、日常生活における人々や場所、出来事とは必ずしも関係がないように見える数学についても、何らかの形で当てはまることです。数学が本当は何なのか、「見る側」には必ずしも明確ではありません。そしてある意味、数学はとても簡単です。黒の正方形のように、人生のニュアンスや複雑さを考慮する必要はありません。ケーキを分ける問題を解くとき、パンくず、アイシングの飾り、ナイフが均等に切れるかどうかなどを心配する必要はありません。言うまでもなく、気温、食事制限のある客がいること、皿の大きさの違いが分け方にどう影響するかなどは考えないでよいのです。数学での抽象的な割り算は、現実の割り算よりも「はるかに簡単な場合」が多いのです。しかし、数学の世界では、手がかりも少ないのも事実です。まず、やるべきことは割り算をする必要があることを認識することです。そして、ケーキを分けることがうまくいったかどうかについては、実生活よりもフィードバックが少ないです。

抽象芸術を連想させることで、ある意味では、数学は抽象的であるがゆえに難しく、またある意味では、数学は抽象的であるがゆえに簡単である、と言いたいのです。このテーマについては、この章の後半で、数学の抽象的な性質を軽減する方法として、教室で「現実世界」の問題を扱うことに焦点を当てた指導法について述べるときに、また触れることにします。しかしまずは、「抽象的」という言葉が、数学を説明する際に使われるときに「難しさ」と結びつけられるようになった経緯を探ってみましょう。それに続いて、このドグマに挑戦するのに役立つ、抽象的なものについての別の考え方について考察します。

○――どのように抽象的表現が認知の発達段階と結びついていったのか

抽象的なものは具体的なものと区別できるものであり、抽象的な思考は具体的な思考の後に時間をかけて発達していくものであるという考え方は、スイスの心理学者ジャン・ピアジェの研究によって20世紀半ばに登場しました。子どもたちにさまざまな種類の問題を解かせるという研究を行い、子どもたちの数学的思考がどのように発達するかについての仮説を立てました。これらの仮説は、ピアジェの思考発達段階説として知られるようになります。乳児期から青年期までの発達は、感覚運動期から始まり、形式的操作期で終わる4段階で起こるという考え方です。

ピアジェが正しかったかどうかは別として、「抽象的」という言葉は、ヨーロッパの教育に対する考え方において重要な時期に登場しました。それは戦後、すべての人が義務教育を受けられるようになった時期です。抽象的な思考は、年長の子どもだけができることとみなされるようになり、経験的思考ではなく、理論的思考や仮説的思考と結びつけられるようになりました。抽象的な思考は発達の最終段階と結びついていたため、思考は具体的なものから抽象的なものへと移行するという考え方が定着しました。

ピアジェの課題は彼の理論化の中心的な役割を果たしました。抽象的という概念が発達段階とどのように関連づけられるようになったかをよりよく理解するために、課題を見てみる価値があります。天秤の課題で、ピアジェは年齢の異なる子どもたちに、次の図のように天秤の両端にそれぞれ別の重りをひっかけて天秤のバランスをとるよう求めました。おわかりのように、各フックの位置関係がこの課題を難しくしています。課題を解くことができたのは、13歳の子どもたち（あるいはそれ以上）だけでした。5歳児はこの課題を解くことができませんでした。7歳児は重りを左右に置くことはできたものの、秤のフックの位置を考えることはできませんでした。10歳の子どもたちは、試行錯誤しながらでしか課題を解くことができませんでした。しかし、13歳の子どもたちは、重りの位置とその大きさの関係を考え出し、それを使って課題を解くことができました。つまり、抽象的だと判断されたのは、子どもたちが実験しなくても解答を予測できた場合でした。この「手を使わない」思考で、

13歳の子どもたちは、まだやっていない行動の結果を考えることができると見なされたのです。

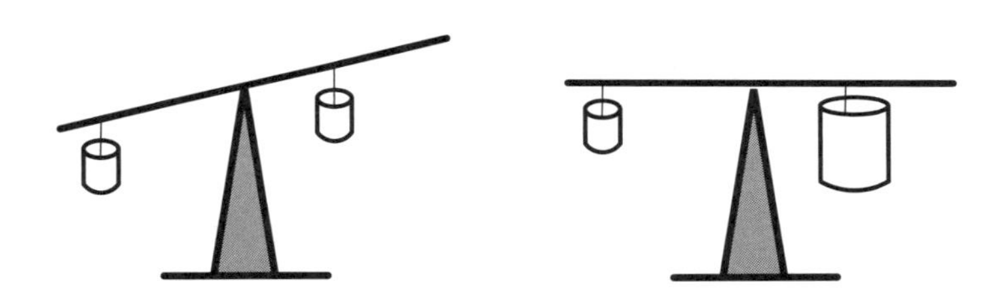

ピアジェの研究以来、多くの研究者が、広い意味でも(たとえば年齢に依存しないと主張するなど)、また具体的な知見との関連においても、段階説に異議を唱えてきました。(質問の仕方や課題の性質にもよるかもしれませんが、実際、ピアジェが形式的操作期と関連づけた仮説的思考を、13歳よりずっと幼い子どもたちが行っていることが分かっています。)

ロシアの心理学者レフ・ヴィゴツキーは、抽象的なものに対して異なる視点を持っていました。彼は、すべての概念は抽象的なものから始まり、経験と時間をかけて初めて具体的なものになると考えました。愛や勇気といった概念に対する子どもの理解は、理想化されたものから始まり、現実の出来事との関連もほとんどなく、ニュアンスも乏しいものです。言い換えれば、私たちがよく「抽象的」と見なす特徴を備えているということです。時間の経過とともに、子どもの勇気や愛に対する考え方は、人や出来事とのさまざまなつながりや関係を通してより具体的になり、その時々によって異なる質を持っていても認識できるようになります。したがって、概念の抽象性は、関係やつながりがないことを示しています。そして、つながりが多ければ多いほど、より具体的なものになるのです。そして、具体的というのは、物理的なもの、触覚的なものといっているのではありません。「愛」や「勇気」といった概念についても、非常に具体的な理解を深めることができるからです。もしヴィゴツキーの考えが1950年代に英語圏の数学教育界を支配していたなら、私たちは「数学は切断されているから難しい」、あるいは「数学は具体的だから難しい」というような別のドグマに行き着いたかもしれません！

しかし、私たちが持っているドグマでは、数学の学習は矢のように具体的なものから抽象的なものへと進んでいくと考えがちです。「矢印思考」を採用するとき、私たちは一方向的で直線的な進行を仮定しています。数学の学習においても、私たちは同じように考えがちです。つまり、学習はある特定の出発地点（数を知らない状態）から始まり、その後、数の概念を理解するという最終地点へと進んでいくと考えるのです。この章では、次の図のように、視点を変えて物事を見ることを必要とする、これまでとは異なる空間的イメージを提案します。

矢印思考

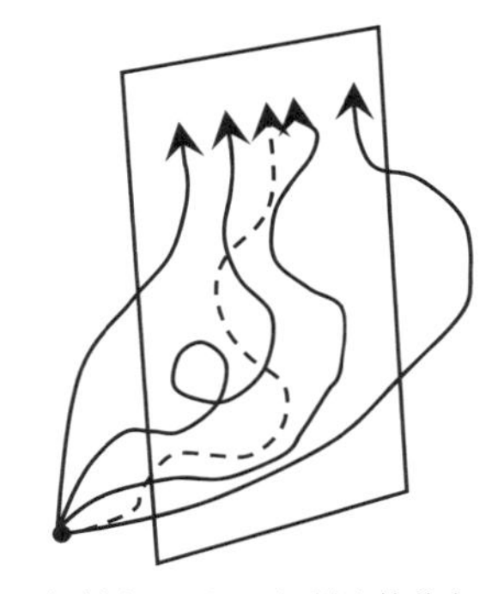

さまざまなルート、さまざまな終着点

実際、もし矢印を横から見ることができるならば、学習の道筋が特定の関係によって左右されることがわかるかもしれません。どちらの道を通ったかによって終着点が異なる可能性があります。引き算をすることでゼロに出会うかもしれませんし、エレベーターで地上階まで降りることでゼロを感じるかもしれません。すべての経験に同じ名前の「ゼロ」という言葉を使ったとしても、それぞれの経験が生み出した実際の関係や、それによってゼロをどのように具体化したのかを無視することはできません。矢印のイメージと比べると、右のイメージは一次元でなく、直線的でなく、学習が行われる道筋が一つしかないという感覚を感じさせません。

○——抽象的なものが関係的なものになるとき

シーモア・パパートは1980年に『マインドストーム』という本を出版しました。これが、数学教育におけるデジタル技術の革命の幕開けとなりました。その中でパパートは、子どもたちが画面上の亀を動かすことができるプログラミング言語のLogoについて説明しています。正方形のような単純な形だけでなく、もっと複雑な形もつくることができました。ウリ・ウィレンスキーは、この「亀の幾何学」を使った子どもたちの数学的作業を振り返る中で、子どもたちが記号や数を柔軟に操作していることに驚かされました。もしこれらのことが抽象的であるなら、子どもたちはもっと苦労したり、尻込みしたりするはずではないだろうかと彼は考えました。

ウィレンスキーは、物事はそれ自体は抽象的でも具体的でもなく、抽象的または具体的と見なすことができるのは、子どもと物事の間の関係であると提唱することによって、彼の迷いを解決しました(Wilensky, 1991)。愛や勇気、怪物や恐竜と同じように、正方形をつくるために使われるコマンドは『repeat4 [fd 10 rt 90]』というようなもので、物理的に触れることができる形で存在していたわけではありませんでした。だから、それ自体は具体的なものではなかったかもしれません。しかし、子どもたちはそれらの記号と関係を築きました。90度というのは抽象的な数学的概念と思われるかもしれません(実際、多くのカリキュラムでは11〜12歳の子どもたちに導入されています)。自分の体を回転させる方法として、亀と一緒に、もしくは亀を通して使うことで、角度の概念が非常に具体的になりました。これらの関係には、感じることと知ることの両方が含まれています。子どもたちは、90度ずつ右に曲がっていけば正方形になることを知っていました。亀の立場になってターンをすることで、右に曲がることがどのようなことか感じることができたのです。

ウィレンスキーにとっても、それ以前のパパートにとっても、タートルジオメトリーの威力は、まさに物理的世界とバーチャルな世界の間で作用する方法にあり、それによって学校数学の紙と鉛筆の世界では築きにくい新しい関係を生み出すことができたのです。実際、特にシェリー・タークルは、パパートとともに、Logoを使うことで得られる新しい経験的な学習方法を賞賛しました。ただ正しい公式を知ったり、事実を暗記したりするのではなく、Logoはアイデアを試し、間違いが起き、それを修正するための環境だったのです。彼らはこれを、考えることと感じることの両方が重要であるという、異なる知の方法だと考えました。

私たちが受け継いできた二元論では、抽象的なものは思考と結びつき、具体的なものは感情と結びつきます。大衆文化がこのステレオタイプを助長しているのです。スタートレックのスポックを思い浮かべてみてください。彼は論理的な能力が高く、感情を表に出さない性格でした。このような固定観念は、科学者は冷淡で堅く、自分の感情を表に出さない厳格な人間であるという日常的な思い込みに波及します。「科学者を描いてください」「数学者を描いてください」と言われた子どもたちが描く絵には、それが顕著に表れてきます。(ジョン・ベリーとスーザン・ピッカーが2000年に行った調査のように)数学者や科学者は、だらしなく、オタクで、男性で、時には暴力的な人物として描かれます。

最近の神経科学的研究は、タークルとパパートが主張した、思考と感情は切っても切れない関係にあるという立場を支持しているようです。具体的には、神経科学者のアントニオ・ダマシオが、脳病変の研究によって、感じることができない人は意思決定ができないことを明らかにしました。数学者の中には、数学に対する思いを綴っている人さえいます。キース・デブリンは、数学は数や図形などの対象どうしの関係を扱うので、数学はソープオペラだと表現しています。XはYに対して何ができるのか？　もしXがYにこんなことをしたら、YはXに何を返すだろう？　登場人物がいて、筋書きがあって、その間に人間関係があって、生命と感情と情熱と愛と憎しみがあるのです(Devlin, 2000)。

ソープオペラとして数学を体験することで、より親近感が湧き、具体的に感じられるようになるのであれば、どうすればそのような体験を可能にすることができるのでしょうか？　例えば、スポーツや買い物で数学がどのように使えるかを示すなど、数学を学習者の日常生活にもっと関連させることなのでしょうか？　そうではないのです。そのような教育的アプローチは、学習者が教室の外で数学がどのように使えるかを知るのに役立ち、その文脈が学習者の知っているものであったり、関心のあるものであったりすれば、学習者の興味をかき立てるかもしれません。しかし、それで数や三角形や分数やグラフに関心を持つように学習者を導くとは限りません。ソープオペラ数学と呼ばれる別のアプローチを考えてみましょう。

ソープオペラ数学

舞台：小学校の教室

登場人物：学習者、教師、黒板、チョーク、小さなカバー（紙）、等号、数、+、＝

陰謀：欠落した加法問題

教師は次の式を黒板に書いた。5 + □ = 12

教師が振り向く前に、誰かが「17だ！」と叫ぶ。

教師はこれを期待していた。同じ答えを何度も聞いたことがあるからだ。この種の式を使った経験がないため、学習者は典型的に、以前同じような状況でやったことのあること、つまり与えられた数の和を計算する。

微笑みながら、教師は机に向かい、小さなカバーを手に取った。黒板に戻り、何を書いているのか誰にも見えないようにしながら、チョークで黒板に書いている音が聞こえるようにする。

そして、小さなカバーを黒板の上に置き、子どもたちに教師が何をしたのかがわかるように一歩下がる。

「計算したけれど、このカバーで数のひとつを隠したの。隠し

た数は何でしょう？」と教師は言う。

カバーは謎めいた雰囲気を醸し出している。わからない数は隠されている。しかし、それは子どもたちがよく知っている、足し算の問題を左から右に書き、最後に計算をする物語の一部である。誰かが（このときは教師が）問題（5＋7）を解き、その結果は12だった。そして足す数は覆いで覆われており、学習者は謎を解かなければならない：カバーの下の数は何だろう？

カバーがこの問題に興味深い謎めいた雰囲気を与えています。数を隠しているのは学習者の注意を引くためだけではありません。それはまた、自分が経験したことのある物語にアクセスし、その物語を問題解決に役立て、数同士の関係を新しい方法で見ることを可能にしています。

ソープオペラ数学の例では、数学的な登場人物と筋書きの要素の両方が登場する小話がありました。物語は、1時間の授業、単元全体、あるいはカリキュラム全体など、さまざまなレベルで語ることができます。レスリー・ディティカーは、数学をこのように捉えることの教育学的な可能性に触発され、授業をデザインするためのストーリー・フレームワークを開発しました。このフレームワークでは、対象となる数学的概念とともに、登場人物や彼らに起こる出来事に対する子どもたちの感情も考慮されています（Dietiker, 2012）。これは小説を書かなければならないという意味ではなく、登場人物、関係、行動をどのように強調するかということを意味しています。例えば、カリキュラムの中で、数を数えることから足し算に移るとき、カードに書かれている1から10までを登場人物として紹介することで、数にスポットライトを当てることができます。そして、教師は「数を2枚取りましょう。例えば、3と4みたいにね。そして他のカードは下に置きましょう。この二人は一緒に何ができると思う？」と問うことができます。ある子は、「年齢が近いから友達になれる」と言うかもしれません。そうなると、連続した数であることが強調され、3と4が友達なら、4と5も友達に違いないという話になります。これにより、子どもたちは数の順序関係（数の大きさではなく、ある数が他の数にどのように続くか、または先行するか）に集中することができ、会話はより大きな数へと続く可能性があります。新しい関係を提案することもできます。なぜなら、多くの友人を持つことは素晴らしいことだからです。ということは、3は2と4だけでなく、1と5とも友達なのかもしれません。別の子どもたちは、「3と4は力を合わせて7になるかもしれない」と言うかもしれません。これは、次のような問いにつながるかもしれません。「力を合わせて7になる他の数はありますか？」「7は誰とでも力を合わせることができますか？」「力を合わせて1になる数は何ですか？」、「0はどうですか？」そして新しい行動が必要になるかもしれません！数が力を合わせれば、新しいカードがつくれるかもしれません。おそらく、カードを一列に並べる必要があるでしょう。そうするといくつかの穴が空きます。その時点でその穴を埋める方法を考えるのが学習者の役目になるでしょう。

数学的な対象をキャラクターとして、操作を新たな関係を明らかにする行動として考えることで、数との関わり、あるいは単なる記号との関わりでさえも、具体的な体験となります。このような経験で生まれる感情は、子どもたちを巻き込んで、つながりによってもたらされるものであり、また、驚きや好奇心を生み出す感情的な出来事によってもたらされるものでもあるのです。

ストーリーテリングは、関係を築くための強力な方法です。ジェローム・ブルーナーが示したように、人間には起こる物事に物語を持たせる傾向があります。私たちは出発点を見つけて、原因を突き止め、そうやって異なる出来事をひとつの物語に結びつけることを好みます。そうすることで、物事を覚えやすくなると同時に、ドラマや道義性が盛り込まれることも多くなります。おそらく、数学の授業ではこのようなことはあまり起こりません！　数や形が静的なものとして提示されるのならば、子どもたちの物語をつくり上げようという意欲が削がれてしまったり、自分自身の成功や理解の欠如についての物語しか語らなくなったりするのも無理はないのでしょう。

物語は、私たちのつながりを生み出すのに役立ちます。物語がなければ、多くの人にとって数学が抽象的に見えても不思議ではないのです。子どもたちの中には、数学的な考え方を記憶したり理解したりするために、自分なりのストーリーをつくり出そうとする子どももいます。けれども、数学がただ暗記すればいいというような、つながりのないものの集合として捉えられている場合には、それは難しいことなのです。言い換えれば、抽象的だから数学は難しいというのではなく、つながりがないから数学は難しいのだと言えるかもしれません。友達をつくるのと同じように、つながりをつくるには、時間がかかります。数学者アルフレッド・ノース・ホワイトヘッドが「数学的経験のロマンチックな段階」と呼んだ、正確さや一般化を急ぐ前のゆとりの時間を持つのです。膨大な数に、変わった形に、新しい記号に出会う気づきの時間、不思議に思う時間、驚きの時間を。

○——動く数学

「数学は抽象的だから難しい」というドグマの別の次元、つまり抽象的なものと精神的なものとの関連性を調べることで、ストーリーテリングを促すもう一つの秘訣を見つけることができます。さまざまな歴史的な要因によって、理性と知能の究極の形は、徐々に合理的で客観的、かつ感情に流されない心と結び付けられるようになりました。この観点から見ると、教室で机に向かってじっと座っているという考え方は、数学的に考えるための最良の方法や条件としてよく考えられていることと一致しています。すなわち、熟考、沈思、静寂、静止と一致しているのです。このような印象は、映画などの大衆文化の中で、数学者が机に向かって一人で座っている描写によって強められます。ページに慌ただしく書かれた謎めいた走り書き以外に、動きはほとんど見られません。このことから、数学は自分だけで、他の人や他のものとは関係なく行うものだと容易に結論づけることができます。数学者は、世界から切り離され、抽象化されていると見なされています。

このイメージはあながち嘘ではありません。確かに数学には孤独な仕事が多いです。しかし、それは、数学者一人ひとりに必ず付随する人や対象、行動のすべてを無視しています。これらすべてが常に目に見えるわけではないからといって、すべてがないわけではないのです。人の中には、過去の数学者や、特定の概念に対する彼らの考え方、あるいは会議で何かを言ったり、ランチルームで図をつくったり、関連する問題について言及したりした同僚などが含まれるかもしれません。対象には、コンパスやコンピューターの画面のような物理的なもの、あるいは記号やグラフのようなものもあります。これらは数学者に「応答する」対象であり、数学者に別の方向へ動いたり、別の問いを投げかけたりします。その行為は、変換などの仮想的なものも、描画、ジェスチャー、数学的対象の動きの再現などの実際の行動もあり得ます。

研究者たちは、私たちが日常的にこの世界で経験する身体的な体験が、数学的概念の理解にどのように貢献しているかを研究しています。道はどこかの地点0から始まり、子どもたちが歩くと、一歩ごとにスタート地点から1単位ずつ遠ざかります。半歩ずつ進んだり、2歩ずつとびとびで進んだりすることもできます。5と9を足すとはどういうことかを想像したければ、まず5歩歩き、それからさらに9歩歩くと考えればよいのです。反対に後ろ向きに歩くことを想像すると、14-3が何を意味するのかを考える助けになります。子どもたちは、自分が道を行ったり来たりしている様子を想像しながら、じっと座っているかもしれません。しかし、少なくとも想像の中では、足の動きを再現しているのです。目を閉じれば、道の形状や木の匂い、乾燥した葉を踏んだときに鳴る音まで想像できるかもしれません。

一旦、このような環境を想像し、それに沿って前進したり後退したりすることを思い描くと、環境が自分に語りかけてきて、自分が取るべき新たな行動を示唆していることに気づくかもしれません。もし永遠に歩き続けたらどうなるでしょう？　もし引き返して出発地点に向かって歩き始めたら、それはどのような動きになるのでしょう？　もし引き返して戻ってきた人がスタート地点を通り過ぎたらどうなるのでしょう？　もし交差点で、それまで進んできた道と垂直の道を歩いたとしたらどうなるでしょうか？　これこそまさに数学者が行う行動です。子どもたちが考え、探究できるよう手助けするために、時には行動を想像し、時にはそれを描くのです。

通常は備わっているはずの多くの要素を取り除いてしまった

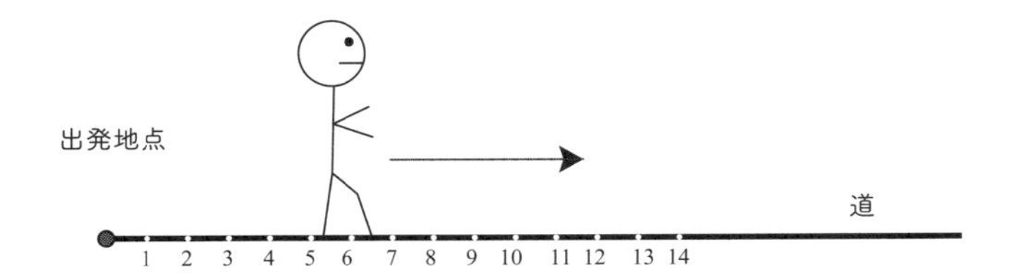

ため、この環境にはまだ抽象的な部分があります。この図では、道は単なる直線で、数が示されています。散歩に行くときは、そんなことはめったにありません！　しかし、この環境を抽象的なものと考えるのではなく、歩数や歩く方向、出発地点との関係を過度に強調する一方で、道の場所や舗装されているかど

うかといった周囲の詳しい情報を十分に強調していないと言うことができます。言い換えれば、人々が散歩しているときに普通気にかけることを、数学ではあまり気にかけないということです。「数学は抽象的だから困難だ」という意見は、少なくとも部分的に、数学は人々が気にかけるものを気にしないという点に言及しているのだと、私たちは考えます。ここから、人々は、数学は何も気にかけていない(ケアしていない)と結論づけます。しかし、数学は気にかけているのです。ただ、ケアの仕方が違うので、学習者には明確に伝わらないことが多いのです。

○——ケアリングの数学

子どもたちが数学に親しみを感じられるようにするための一般的なアプローチとして、スポーツチームや携帯電話のプランに関する問題、あるいは有名人が関わる問題など、日常的な経験に関連する問題を出すことが考えられます。実際、このような問題は何百年もの間、数学の教科書の定番であり、実際、一部ではそれが主たるアプローチとして使われてきました。しかし、多くの「現実の問題」はあまりにも人為的で、子どもたちがつながり(自分自身と問題、もしくは数学と自分自身の間の関係)を見出すのにあまり役立ちません。

例えば、多くの子どもたちは動物が大好きなので、次のような問題が度々見られます。「牧場には9頭の牛と鶏が何羽かいて、合わせて74本の足があります。鶏は何羽いますか？」この問題は、農場にいる人が牛と鶏の足の数を足し合わせる必要がないため、人為的につくられたものです。なぜ、素直に鶏の数を数えるのではなく、足を足すのでしょう？　身近で具体的なものを問題場面にしようという意図があるにもかかわらず、この問題は、子どもたちの生活体験とは関係がなく、多くの子どもたちにとってはかなり抽象的なものになるでしょう。どれだけの子どもたちが農場に行ったことがあるでしょうか？　農場の場面は、子どもたちに算数をさせるための手段にすぎません。これはつまり、「君たちが好きなことについて話しますが、君たちがなぜそれが好きなのかということとは関係のない方法で行います」と言っているようなものです。

与えられた要素の総数が問題となる場合もあります。例えば、農家が発注を行うために必要なすべての農機具のタイヤの数がいくつであるかを心配することがあるかも知れません。この問題は、十分な文脈があれば解決できるかもしれませんが、数学と子どもたちの両方をケアできるようなことにたどり着けるとは思えません。そして、このことは、数学の指導と学習における本質的な問題に近づいていると言えるかもしれません。それは、どうすれば楽しくなるか、どうすれば簡単になるか（あるいは具体的になるか！）ではなく、数学がケアするものと学習者がケアするものをどのように調整させるのかということです。「数学がケアするもの（What maths cares about）」という表現は、不自然な文法ですが、意図的に使用しています。私たちは、数学をそれ自体の存在として、個性や願望さえもつ存在として考えてみることを提案しています。簡単に言えば、数学を、あなたや子どもたちが関係をもつかもしれない存在として考えてみてほしいのです。数学そのものが変化を受け入れるように、あなた自身も変化することを素直に受け入れるような関係性をもつのです。誰でも自由に新しい仮定を選び、新しいきまり、新しい幾何学、新しい代数、新しい数を定義し、数学的な意味を探究することができます。しかし、いったん仮定が選択されれば、数学はその仮定が一貫して適用されていることや、それが影響する全範囲が探究されていることをケアします。

この章を締めくくるに当たり、農場を立ち往生させないために、元の問題を見て、数学が何をケアするのか考えてみましょう。この問題では、子どもたちは未知の数量(この場合は鶏の数)について、利用可能なすべての情報を活用します(この場合は、9と74という数字だけでなく、牛には4本の足があり、鶏には2本しかないという事実も)。未知の数量を求めるために十分な情報がここにはあります。空欄にどんな数が入るかを判断できるだけの十分な情報が揃っているのであれば、数独のようなものです。実際、ゲームやパズルは、子どもたちが未知の問題を解くのに夢中になる素晴らしい方法です。多くの人がパズルをすることが大好きです。つまり、ゲームやパズルは子どもたちにつながりを感じさせることができるということです。パズルは遊び心がありますが、通常は単純な繰り返し作業を伴うため、流暢性を高めるのに役立ちます。たとえば、kenkenパズルは、農場問題とまったく同じ種類の演算(積、和、差)をします。けれども、数学の授業で出題される文章題ではあまり見られない、数学者が非常にやりがいを感じるような満足感を味わうことができます。

子どもたちがつながりを感ずることができる別のゲームとして、「私の数を当てて」ゲームがあります。これは、農場問題と同じような演算を使います。子どもたちは、任意の数を思い浮かべ、その数に対して一連の演算を行い、最後に結果がどうなるかを予測します。こんな感じです：

1. ある数から始める。
2. その数を2倍にする。
3. 4を加える。
4. 2で割る。
5. 最初の数を引く。
6. あなたの答えは2になる！

子どもたちは1でも574でも17/8でも-5でも選ぶことができます。自分が決めた数から始めることで、子どもたちは自分のものだという感覚を持ち、もしかしたら、個性さえも感じられるかもしれません。選択ができることは、彼らに特別だと感じさせるためだけにしているわけではありません。それは数学の一部です。どんな数から始めてもいいということが重要なのです。そして、彼らの数を求めるために行ったすべてのことを考えると、その演算が単純なものではなかったことは明らかです。ここには神秘的なものを感じます。どうして答えが2だとわかったのでしょうか？　なぜわかるのでしょうか？　この本を読んだ人全員が違う数を選んだとしても、同じことが起こるのでしょうか？

子どもたちがすでに経験している教室にある教材を使うことも、つながりを築く方法のひとつかもしれません。例えば、キズネール棒を使って、農場のような場面をつくり出すことができます。「紫のロッドが9本、一直線に並んでいます。それを一列に並んでいる74個の白いロッドと同じ長さにするために、赤いロッドを何本か増やします。赤いロッドは何本必要でしょう？」見ての通り、数は同じですが、文脈はより関係的なものになります。また、子どもたちは、実際にロッドを長く一列に並べる作業を始めるかもしれないので、かなり実験的なアプローチにもなります。数学は具体例よりも一般的関係をより重視するため、この設定は単なる出発点に過ぎません。紫色のロッドを10本使うとしたら？　赤のロッドの代わりに黄緑のロッドを使うことは可能か？　これは農場のシナリオに3本足の生き物を持ち込むようなものだ！

実践編 E

指を使って数と計算を学ぶ

Learning number

子どもたちが最初に数詞に触れる経験は、通常、「1、2、3、4、……」という数を暗唱することから始まります。数詞は子どもの歌や遊びの中にたくさん出てきます。学校教育が始まると、子どもたちは数詞を使って物を数えるようになります。操作したり、提示したりするために、ブロックやおはじきなどが用意されます。その後、本やワークシートに描かれたものを数えるようになります。最終的には、インド・アラビア数字の1、2、3、4……を用いて、数の書き方や読み方を学びます。このステップは次のように進んでいきます。

- 操作的 - 物を操作する
- 象徴的 - 視覚的な表現を使う
- 記号的 - 数字などの記号を扱う

これはとても自然な流れのようです。物を使った操作の方が簡単で具体的であり、記号を扱うのはより難しく、より抽象的であると想定されるのは、ごく自然なことのように思えます。そのため、記号を使うことは、より年齢の高い子どもためにに限定すべきであると考えられています。小学校の教師の多くが、早い時期に記号を子どもたちに教えることにためらいを感じていると聞きます。それは、子どもたちが嫌がるのではないか、あるいは数量を具体的に「感じる」機会を奪うのではないかということを恐れているためです。

これはもっともな懸念です。ヴァレリー・ウォーカーダインの研究(ドグマCで取り上げました)では、子どもたちが数学的な記号を恣意的で無意味なもの、権威者である教師によって上から下に押しつけられたものとして経験することが強調されています。このような場合、数学的な記号には人間味がなく、色彩、温かみ、ニュアンス、触感がないように見えます。

しかし、記号が関係性やつながりの文脈の中で登場すれば、記号はより身近に感じられるようになります。また、数の学習に関しては、記号への流暢さの発達が子どもたちの数学の学力に影響を及ぼすことが示されているため(Lyons & Beilock, 2013)、子どもたちが早い時期から記号と有意義に関わる機会を多く持つことが重要です。実践編Aで取り上げたキズネール棒を使った方法を含め、その方法はたくさんあります。この章では、デジタル技術を使った方法を紹介します。この方法は、実世界の操作とデジタル世界の動的なイメージやシンボルとを結びつけることに、特に力を発揮します。

○——指の力を拡張する

椅子や本など、身の回りにあるものを指差すと、数を数えられているものは受け身になります。一方、TouchCountsで、子どもたちがiPadの画面を指でタッチすると、色のついた円盤がつくられます。この円盤には、番号名(例えば「いち」)がアナウンスされ、関連する記号(この場合「1」)がラベル付けされます。TouchCountsは無料のiPadアプリケーションです。自分で試すこともできますし、ビデオを見てどのような感覚かをつかむこともできます(YouTubeでTouchCountsと検索してください)。この節では、TouchCountsを利用する中で、私たちが学んだ子どもたちの数の理解について、その一部を紹介します。多くは、このアプリケーションを利用できない場合でも役立つ情報であると考えています。

TouchCountsを使って、ある子どもが人差し指を使って画面を4回、次々にタップします。すると、その子は「1」、「2」、「3」、「4」というアナウンスを聞き、4枚の円盤が次々と現れるのを目にします。これらの円盤には、それぞれ数が1, 2, 3, 4と表示されています。つまり、その子どもは、操作的(画面に触れる)、象徴的(1つ、2つ、3つ、4つの対象の視覚的な表現を見る)、記号的な方法に同時に従事しているのです。

重要なのは、円盤上の記号は、実体のある視覚的・聴覚的体験から抽出されたものではなく、むしろこれらの体験を伴うものであり、さらにそれを拡張するものであることです。だからこそ多くの子どもたちが、特に100やそれ以上の数に達すると、その記号を喜んで表現するのでしょう。子どもたちは、100やそれ以上の数をゲームやスーパーマーケット、本などで見たことがあるけれども、つくったことはないのです。大きな数をつくることはワクワクします。洗練された気分になり、指の力が

10をはるかに超えて強化されたように感じます。もう1回タップできる可能性があるということは、5回であろうと10回であろうと100回であろうと、無限の可能性を感じさせます。タップし続けても、そのたびに新しい数詞が発せられて新しい記号が表れ、終わりが見えません。

指を使うという行為が、このような経験を学習者にとってとても有意義なものにしています。研究により、指は数感覚を発達させる上で極めて重要であることが示されています。学習者が数を学習するためには、単に指を区別できるだけではなく、指を使って数えたり（指さし）、数え上げたり（計算）する必要があります。指と脳の計算領域には神経機能的なつながりがあるのです。TouchCountsを使うことで、文字通り「指で知る」という意味の「フィンガーノーシス（finger gnosis：指の知覚）」を子どもたちが発達させるのに役立ちます。子どもたちは指を使って一度に1つまたはそれ以上の円盤をつくることを、身体的に学びますが、同時に数について力強く考えることやコミュニケーションを取ることも身につけます。

例えば、下の写真では、幼い女の子が「4を一度につくる」ことを求められています。これはつまり、4本の指を同時に置く必要があることを意味しています。彼女は、最初は2本指、次に5本指と練習していくうちに、4本指を置く動作を流暢に行うことができるようになりました。彼女は指を画面から離して、この動作を使ってクラスの友達に自分がつくったものを説明することができます。また、この動作を使って、足し算で4＋3などの合計を計算することもできます。TouchCountsを通じて、少女は自分の指をさらに優れた味方に変えました(学習者がうまく行動できる状況をつくり出すことに焦点を当てることで、また、そうするための教具や教材を準備することで、どのように個々の学習者を支援しているかという、ドグマDでの私たちの議論と関連しています)。

○——意味はどこにあるのだろうか?

アイリーン・ベニソンは、カナダのブリティッシュコロンビア州で働く1年生(2年生相当)の担任教師で、子どもたちが数について発達させることができる別の種類の意味を、私たちが解明するための手助けをしてくれました。アイリーンはタブレットの画面をホワイトボードに映し出し、子どもたちに指で順番に画面を押させました。10まで数えたあと、ある子が100まで数えようと言い出しました。子どもたちは、その時間の長さに驚いていました。いつ100が訪れるのか、彼らも正確には分かっていないようでしたが、ようやく「100」という言葉が聞こえると、大きな歓声が沸き起こりました。

ある実践者会議のプレゼンテーションで、この話をしたとき、別の教師が、この体験は身体的で具体的なものではないと懸念を示しました：

> **教師**：子どもたちは100の本当の姿を知る必要があります。
> **ナタリー**：でも、子どもたちは100になるまで数えるのにどれくらい時間がかかるのかを知ることで、100に対する違う感覚を得ることができたのです。
> **教師**：ええ、でもそれは、100が関係する問題を解決しなければならない場合のように、子どもたちが100が実際にどのようなものであるかを見積るためには役立ちません。
> **ナタリー**：あなたがそう言うのもわかります。でも、100が実際にどのようなものであるかを知る必要がない状況もあると思います。たとえば、124の次にどんな数が来るかを聞かれたらと想像してください。
> **教師**：その場合も、子どもたちは124が100と20と4であることを知る必要があります。

私たちは、100を基数として理解し、見る経験を持つことに価値があるという先生の意見に賛成です。ディーネス・ブロック[▶01]やキズネール棒を使うと、100個のものを操作することもできます。100の意味を「100がどのように見えるか」と関連付ける場合、100という量の物理的、具体的、象徴的な表現に焦点

▶01｜木製やプラスチック製のキューブ(1)、棒(10)、平面(100)を表す教具。児童が足し算、引き算、数感覚、位取りなどの数学的概念を学ぶ際に使用する。

が当てられます。しかし、子どもたちがTouchCountsで100まで数えると、画面上の100枚の円盤と合わせて、100という数の時間的・記号的な感覚を体験します。100は数が多いだけでなく、そこに到達するまでに長い時間がかかります。

実際、アイリーンは100まで数えた後、子どもたちはもっと数えたがると教えてくれました。さらにいくつかのタッチを加えた後、ある少年は「ああ！　200じゃないんだ」と叫んだそうです。

アイリーン：なんて言ったの？
少年：200じゃない。
アイリーン：どうしてそう思うの？
少年：100の次が200だと思ったけど、でも違うよ。
アイリーン：違うの？　200は100からどのくらい離れているの？
少年：えっと、それは、100からあと100だよ。

このやりとりは、少年が100の後に起こることをどう考えているのかが示されているため注目に値します。100の次に200になると考えることは、調査によると、ごく一般的な考え方です。彼は200を視覚的な表現ではなく、時間的なもの、そしておそらく記号的な方法で100と関係を理解していることも、このやりとりは示しています。

この少年が、数について、また位取りについて考えていることは、1つではなく、複数の基礎的な知識をもとに考えています。このことはドグマAで示したマングローブ林のイメージと似ています。もちろん、彼の知識の別の部分にも後々役立ったり関連性をもつ可能性がある部分もありますが、これにより、100と200の関係について違った考え方が得られるかもしれません。

○——思考にフィードバックする

学習者が数学に対して抱くネガティブな経験は、教師や教科書が持つ権威と関連しているものがあります。教師や教科書が、すべての答えの源であり、問う価値があるとみなされるすべての問いの源である場合は特にそうなります。フィードバックの過程を変えることで、学習者は「エージェンシー」の感覚を身につけることができます。それは教師を待つことなく、自らの意思で行動できるという感覚です。例えば、学習者が何かを正しく行ったか、よい答えを導き出したかどうかについて、環境がフィードバックしてくれるとしたらどうでしょう？　あなたがダイアル錠を開けようとしているところを想像してみましょう。うまくいきそうなコードを試しますよね。しかし、それが正しいかどうかを誰かに尋ねる必要はありません。ただ錠を引っ張って、開くかどうか試してみればいいのです。違っていたとしても、誰もあなたが間違っていたということを知る必要はないし、別のコードを試せばいいだけです。

このように、権威者ではなく環境がフィードバックを与えるような状況は、教室の外にはよくあります。けれどもそれは教室でも起こりうることなのです。多くの研究者が、デジタル技術が、子どもたちが何かをしたかどうかだけでなく、時にはどうすればもっとうまくできるかまで、豊富なフィードバックを提供できることを示しています。

たとえば、TouchCountsの例で説明すると、私たちは5、6歳の子どもたちと「重力設定」の機能を使った活動をよく行います。重力設定では、画面上につくられた数は、画面上部にある「棚」(水平線)の上に置かないと、落ちて画面から消えてしまいます。課題は、5だけ棚に置くことです。「ワン、トゥ、スリー、フォー、ファイブ、シックス……」と、「テン」まで、あるいはそれ以上数えることができる子どもたちが取り組む課題です。だから、子どもたちはこれが簡単な課題だと考えます。最初は棚の上をタップすることから始めるかもしれません。その場合、下の画像のようなものが表示されます。この場合、教師は子どもたちに課題は棚には5だけを置くことだと思い出させることができます。そして、たいていは、子どもたちは「ファイブ」という言葉が聞こえるまで、棚の下を何度も叩き始めます。この時点で、教師に言われるまでもなく、子どもたちは5を棚に置いていないことに気づきます。

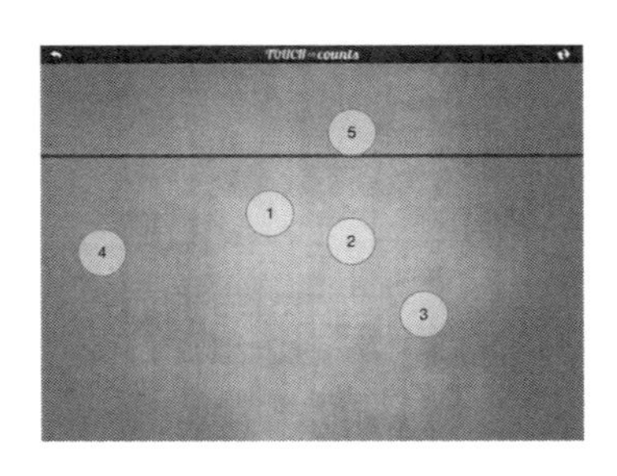

環境が必要なフィードバックを与えてくれるのです。2回目の挑戦では、子どもたちはタップするスピードを落とし、音声が何というかをよく聞こうとし始めますが、それでもよく棚の下に5を置いてしまいます。そのようなときも、5の前の数を聞いている可能性が高いです。環境は、課題を正しく実行できたかどうかという評価だけでなく、今後どうすればうまく実行できるかについてのフィードバックも与えます。だから、3回目の挑戦では、「フォー」と聞いたら、いったん立ち止まり、指を上に動かして棚の上に触れるようになるのかもしれません。そうすれば、子どもたちには「ファイブ」という声が聞こえ、棚に置かれた「5」のラベルが貼られた円盤を見ることができます。子どもたちは教師を喜ばせるためではなく、課題を解決することによってもたらされる満足感や誇りを表してくれるでしょう。

学習が進んだら、例えば大きな数を置かせたり、13〜19の範囲で活動を行ったりと、もっと難しい課題に変化させることができます。位取りの学習として2桁の数を扱ったり、3, 6, 9, 12のような3とびの数を数える活動を行ったりすることさえあります。いずれの場合も、重要なのは、学習環境が強力なフィードバックの過程をつくり出し、外部からの判断を必要としなくなるということです。このフィードバックの過程を使うことで、意味やつながりが生まれます。

○——動きと記憶

数学が抽象的で人間味に欠けると感じられることの主要な特

徴は、動きがないことです。人間は常に動いています。寝ているときでさえも。歩き方や眉の上げ方、近づきすぎていないか、こっそり通り過ぎようとしていないかなど、私たちは自分の動きと他人の動きに注意を払います。人間とは行動するものです。一方、数学は往々にして静的なものとみなされたり、表現されたりします。記号は動きません。数はどこにも行きません。形は歩かないし、走らないし、ハグもしません。そして教室では、子どもたちに机に向かってじっと座り、目に見えない脳のニューロンだけを動かして、数学を真似するよう求めることがあります。

最近の身体化された認知の理論からの洞察を得て、私たちは動きが学習の重要な部分であることを理解し始めています。ドグマEでは、算数の基本概念をメタファーで理解する方法について説明しました。足し算の考え方は、2つのもののまとまりを1つにする行為であることや、ある終点に到達するために一定の距離だけ道を歩くことに関係します。このような洞察は、例えば、子どもたちに実際に道を歩かせ、その歩いた距離を連想させるなど、学習をよりよくサポートする方法を見つけるのに役立ちます。これは算数の例ですが、身体化された認知という考え方を受け入れれば、中等教育や数学の研究分野で見られる概念でさえ、強力な感覚運動的体験と結びつく可能性があります！

これらの洞察は、特に足し算と引き算に関連して、TouchCountsの設計に役立ちました。これまで私たちはTouchCountsで「数える世界（counting world）」の例について議論してきましたが、このアプリには「操作の世界(operations world)」と呼ばれる第二の世界があり、タッチやジェスチャーによってインタラクションが行われます。これらのジェスチャーは、子どもたちに数学的概念に関連した特定の動作を使うように促します。もう少し詳しく見ていきましょう。

この「操作の世界」であなたが4本の指を一度に置くと、4枚の小さな円盤と「4」という記号、そして「フォー」という聴覚的な数詞が含まれる、1つの大きな円盤をつくることができます。私たちはこれを4の「群れ(herd)」と呼び、4を表す基本形として、多くのものを表す1つの対象として説明します。あなたが画面上にさらに「10の群れ」をつくれば、画面上には2つの群れがあります。親指を一方の群れに、人差し指をもう一方の群れに置き、親指と指をつまむと、群れが重なってひとつになります。その群れには14というラベルが貼られ、「フォーティーン」と音声が流れます。小さいディスクのうちの4枚の色と、10枚が別の色であるため、14の歴史は色で保存されています。

つまむジェスチャーは、静的な記号である足し算の演算記号(+)を、時間的な動きのある動作にします。これは、ただの動作ではありません。そもそも、足し算の意味は、2つの物のま

とまりを一緒にすることであり、この動作は、それを表現しています。子どもたちが群れをつくったり、つまんで一緒にしたりしたら、教師は次に、アプリでやったことに対応する式を書き出すように求めることができます。例えば、上の例では、子どもたちは4 + 10 = 14と書くでしょう。

このアイデアは、静的な記号をなくすのではなく、動作と関連付けることが目的です。この場合、動作はジェスチャーです。ジェスチャーのよさは、画面上の物体をつまむだけでなく、例えば、子どもが空中でつまむジェスチャーをして「8の群れをどうやってつくったか」を説明するなど、他人とのコミュニケーションにも使えることです。ジェスチャーは操作やコミュニケーションに役立ちますが、記憶するためにも重要です。私たちは聴覚的記憶と視覚的記憶を持っていますが、運動感覚的記憶も持っています。もし子どもが2つの数の和を問われたら、この運動感覚的記憶を呼び出して、つまむジェスチャーを再現するかもしれません。

つまむジェスチャーの逆の動作を使って、TouchCounts上で足し算の逆の引き算をすることもできます。引き算をするには、親指と人差し指を群れの上に置き、それを離すことで、小さな群れを「取り出す」のです。群れを離すほど、取り出される群れの大きさは大きくなります。複数の指を使うことで、複数の群れを同時に足したり引いたりすることもできます。すべての群れが同じ大きさであれば、この同時に複数をつまむジェスチャーは、掛け算や割り算の強力な感覚運動体験となります。

これらすべての例において、具体的なのか抽象的なのかを線引きすることは難しいです。数学的な対象や記号の創造と操作は、具体的であり、抽象的でもあるからです。学校数学の二元論の多くは同じように解消されるでしょう。子どもたちは手続き的であり概念的でもある思考、物理的でもあり精神的でもある活動、記憶でもあり推論でもあり、感情でもあり思考でもあることに取り組んでいるからです。

まとめ

ドグマEと本章では、私たちは「数学が難しいのは抽象的だからだ」という考えに向き合いました。このドグマにまつわる考え方の一部は、子どもは算数の学習において、常に具体的で物理的なものから始めるべきであると想定した初期の発達理論に由来します。「具体的」と「抽象的」という属性について、ものの代わりにつながりを表すという関係的な見方が、例えば記号との初期の体験の可能性を開くのではないか、と私たちは提案しました。そしてこれがTouchCountsの環境では、どのようなものになるのかを示しました。そこでは、3歳という早い段階から記号を使って活動を行うだけでなく、子どもたちの能力の範囲を超えていると思われがちな大きな数を探究することも促されました。これはデイブ・ヒューイット（1996）の従属（Subordination）に関する考え方を思い出させます。おそらく、こう説明するのが最も適切でしょう。「歩く練習をしたければ、走る練習から始めなさい」。30、60、120など、子どもたちがまだ触れ始めたばかりのワクワクする数を駆け巡るとき、1～10、11～20を通過しなければなりません。子どもたちは「43」

などの「3」を耳にし、7、8、9、0という記号が何度も何度も現れるのを目にします。私たちは、このワクワク感や驚きは、数学とのつながりを深めるために不可欠であると感じています。それは知的なものや認知的なものだけでなく、感情も含む必要があるのです。ドグマEでの物語の議論は、数学の完全な感覚を呼び起こそうとするものです。なぜそうなるのか、どうしてそうなるのかを理解するだけでなく、人生で経験する驚きや期待、緊張感を感じようとするものでした。ソープオペラのアイデアは、子どもたちに、数や図形のような数学的な対象は、知る価値があり、冒険やロマンスを経験できるものだと考えさせるよい方法であるように思われます。ある小学校教師が、数学的な対象をキャラクターとして活用した素晴らしい例として、月の各日を調査の焦点として扱うというものがあります。例えば、「今日は10月7日です。私たちは7について何を知っていますか？」と問いかけます。これは「マングローブ林」タイプの問いであり、ひとつの中心的な考え方に依存しない新しい思考を促すものです。子どもたちは、例えば、「カレンダーでは6の次に7が来る」というように、教師が考えている特定の理解にたどり着くかもしれません。しかし他にも、7の下に14があること、10月のカレンダーには7が3つあること、7は1週間の日数でもあることなども理解するかもしれません。これらのつながりが全て、7に「個性」を与え、7を知る価値のあるものにしているのです。あるつながりはある子どもにとって非常に強力な影響力を持ち、また別のつながりは別の子どもにとって強力な影響力を持ちます。

エピローグ

数学を学ぶことで生じる困難を考えると、それを学ぶ価値があるのかどうかを問うことはもっともなことです。「数学ができない」ということに対するひとつの回答は、「まあ、それは実際には問題ではない」ということです。私たちは、数学ができることは重要であり、私たちが明らかにしてきたように、ある言語を話すすべての子どもが初等数学で成功できない理由はないと固く信じています。世界中の社会はますますテクノロジー化しています。統計はどこにでもあり、行動することやしないことを正当化するために使われています。気候、ウイルスの蔓延、異常気象などの予測モデルは、多くの国で主要報道の一部となりつつあります。このような状況において、市民が提示された数学を理解し、疑問を投げかけることができるようになることは、これまで以上に重要だと思われます。スマートフォンを使っている人なら誰にとっても、アルゴリズムはますます個人の意思決定（例えば、旅行でどのルートを通るか、何を買うかなど）に影響を及ぼすようになり、また個人データはほとんど余すことなく保存され販売されています。繰り返しになりますが、アルゴリズムのもつ意味や、自分たちのデータがどのように活用されているのかを理解するには、数学に慣れ親しむことが必要であると思われます。

私たちは、純粋な数学の学びにも価値があるとも信じています。文学や芸術と同じように、数学も鑑賞することができます。私たちが出会う子どもたちの多くが、無限という概念に魅了されます。そして、数学はたいてい無限の概念に触れています。子どもたちが気づくどんなパターンも、それが続くのかという疑問を抱かせます。そしてその疑問が無限に手を伸ばす問いとなります。また、フランシス・スー(2020)が主張するように、数学を学ぶことは、自分自身について学ぶ機会や、人間の成長における重要で切なる願いを経験する機会をもたらします。その願いには、遊び、美しさ、真実、闘争、力、公正、共同体、さらには愛も含まれます！　私たちが教室での例や課題を示すことが、数学のこのような側面についてのささやかな気づきにつながれば嬉しいです。

ドグマを紹介する各章では、対照的なイメージを提示することで、両方を一緒に考える助けにしたいと考えました。本書を締めくくるにあたり、5つのイメージをまとめていきたいと思います。私たちは、これらのイメージがドグマを明確にすることを助け、オルタナティブな視点、オルタナティブな存在のあり方や知のあり方が存在することを思い出させるものとなることを願っています。数学教育者のデイヴィッド・ウィーラーは、「すべての子どもたちに数学者になってほしいとは思わないが、少なくとも一度は『数学化する(mathematising)』経験をしてほしい、そうすれば自分が何から目を背けているのかがわかる」と語りました(2001年)。私たちも同じように感じています。

「数学ができない！」と言う子どもは、「数学化」のような経験をすることを望んだり、経験したりすることはまずないでしょう。おそらく、彼らは5つのドグマの網に引っかかっているのです。多くの子どもたちがこのように感じている数学の授業は、おそらくこれまで取り上げてきたいくつかのドグマを具現化してしまっているのでしょう。例えば「数学は抽象的だから難しい」という矢印思考や、「数学は常に正しいか間違っているかである」という二元論的な仮定、「数学はつみきのような科目である」という木のメタファーなどです。

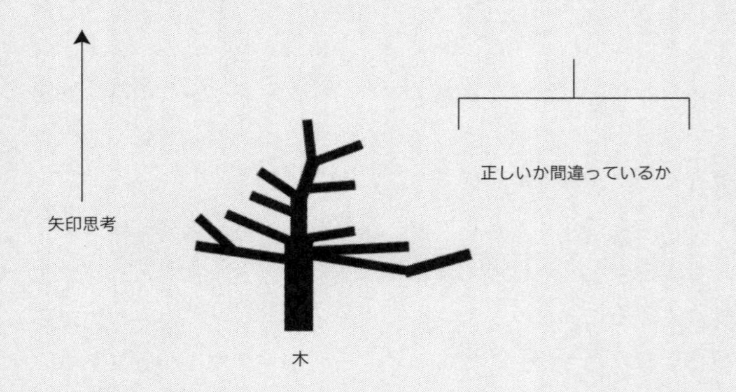

ドグマを拡張するためには、例えば、実践編Aで説明したキズネール棒を使った代数の課題に子どもたちを参加させることで、教室の雰囲気を変え、「マングローブ林」により近づけることができるでしょう。そうすることで、子どもたちは、物に触れたり、色を使って推論したりするなど、考えを理解する方法には別の方法があることを知ることができます。

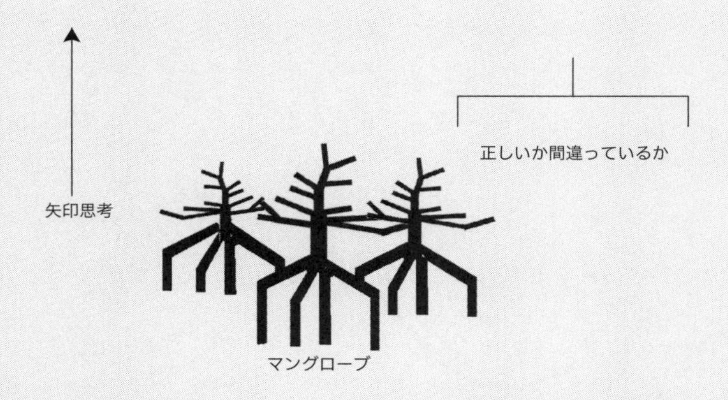

私たちの経験では、ひとつのドグマを手放し始めると、他のドグマに対しても波及効果があることがわかっています。つまり、キズネール棒を説明する式に取り組むうちに、子どもたちは、解答を導き出したり表現したりする方法が複数あり得ることを理解し始め、正解か不正解かの二元論から離れていくのです。

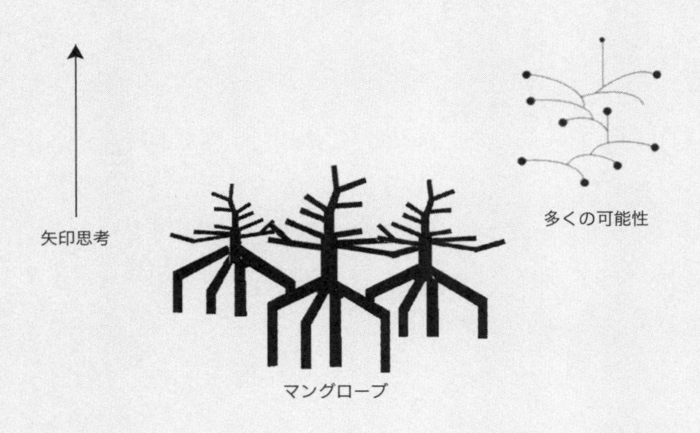

すると、それまでクラスであまり目立たなかった子どもたちが自分の意見を主張し始め、クラス全体が、数学が得意かどうかは、取り組む問題や使える道具に左右されるかもしれないということに気づき始めます。

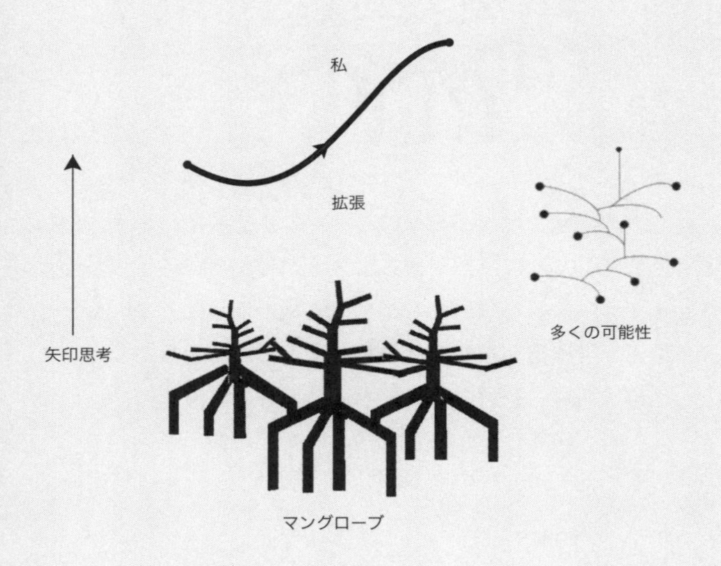

もしかしたらこの活動の後、成績表を作成する時期が来るかもしれません。親たちは、子どもたちの成績について非常に明確なイメージを持つことを期待するでしょう。それによって「数学は文化に左右されない」というドグマがより明確になるかもしれません。

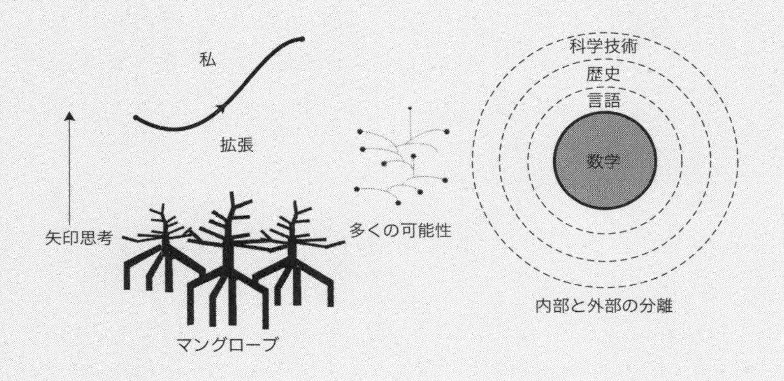

お分かりのように、多くの組み合わせと可能性があり、時期、トピック、教室の雰囲気など、特定の機会と制約によって変化します。これらの可能性を示すことで、私たちが改めて強調したいのは、物事には2つのやり方しかないわけではないということです。数学の授業では多くの思い込みが存在しています。ささやかな行動は、1つか2つのドグマにしか影響を与えられないように思えるかもしれませんが、多くの学習者が「自分は数学ができる」と感じられるようになるために、大きな役割を果たすでしょう。

参考文献

- Abdulrahim, N., & Orosco, M. (2020). '*Culturally responsive mathematics teaching: A research synthesis*', *Urban Review*, 52, 1–25.
- Ainsworth,C.(2016).'Consistency of imagery',*MathematicsTeaching*, 253,15–19.
- Averill, R.,Anderson, D., Easton, H.,Te Maro, P., Smith, D., & Hynds,A. (2009). 'Culturally responsive teaching of mathematics:Three models from linked studies', *Journal for Research in Mathematics Education*, 40(2), 157–186.
- Banwell, C. S. Saunders, K. D. and Tahta, D. S. (1972). *Starting Points*. Oxford:Oxford University Press.
- Bishop, A.J. (1988). *Mathematical Enculturation: A Cultural Perspective on Mathematics Education*. Kluwer Academic Publishers: Amsterdam.（アラン J. ビショップ 著　湊三郎 訳（2011）『数学的文化化－算数・数学教育を文化の立場から眺望する－』教育出版）
- Brown, S., & Walter, M. (2005). *The Art of Problem Posing*. 3rd edn. Oxford:Routledge.（S.I. ブラウン/M.I. ワルター 著 平林一榮 監訳（1990）『いかにして問題をつくるか：問題設定の技術』（Lawrence Erlbaum Associates,c1983 の翻訳）東洋館出版社）
- Bronx Charter Schools for Better Learning. (2019). *Annual Reports*.
- https://4.files.edl.io/e6b3/11/26/19/184819-d89b0090-5f6a-4424-8b01-63466e74147a.pdf
- Buerk, D. (1982).'An experience with some able women who avoid mathematics', *For the Learning of Mathematics* 3(2), 19–24.
- Bushnell, K. (2018).'Learning mathematics for an environmentally sustainablefuture,' *Mathematics Teaching*, 263, 35–39.
- Cockcroft,W. H. (1982). *Mathematics counts*. London: HMSO.
- Coles, A. (2015). *Engaging in mathematics in the classroom*. Oxford: Routledge.
- Coles,A., Darron, J. & Rolph, B. (2022).'Communicating climate change information', *Mathematics Teaching*, 280, 2–7.
- Cooperrider, K., & Gentner, D. (2019).'The career of measurement', *Cognition*,191, 1–12.
- Curriculum Research & Development Group, University of Hawai'i at M ¯anoa. (unknown). *Measure Up*.

- https://manoa.hawaii.edu/crdg/research-development/research-programs/mathematics/%20measure-up
- Devlin, K. (2001). *The Math Gene: How Mathematical Thinking Evolved and Why Numbers are Like Gossip.* London: Basic Books.
- www.discovermagazine.com/the-sciences/keith-devlinthe-joy-of-math
- Dietiker, L. (2012). *The mathematics textbook as story:A literary approach to interrogating mathematics curriculum.* Unpublished PhD dissertation. Michigan State University.
- Franke, M., Kazemi, E. & Chan Turrou, A. (2018). *Choral Counting & Counting Collections:Transforming the PreK-5 Math Classroom.* Stenhouse: Portsmouth,US.
- Gattegno, C. (1963). *Mathematics with numbers in colour Book 1: Qualitative arithmetic,The study of numbers from 1 to 20.* Educational Explorers Ltd.
- Gattegno, C. (1974). *The common sense of teaching mathematics.* New York:Educational SolutionsWorldwide Inc.(reprinted 2010).
- Gerofsky, S. (1996).'A linguistic and narrative view of word problems in mathematics education', *For the learning of mathematics*, 16(2), 36–45.
- Gladwell, M. (2008). *Outliers:The story of success.* London: Penguin.
- Goutard, M. (1964). *Mathematics and Children: a reappraisal of our attitude.* Educational Explorers Ltd.
- Hewitt,D.(1999).'Arbitrary and necessary part 1:A way of viewing the mathematics curriculum', *For the Learning of Mathematics*, 19(3), pp. 2-9.
- Lakatos, I. (1976). *Proofs and refutations:The logic of mathematical discovery.* Cambridge: Cambridge University Press. I.（ラカトシュ著 J.ウォラル/E.ザハール編 佐々木力訳(1980)『数学的発見の論理－証明と反駁－』共立出版株式会社）
- Lunney Borden, L. (2011). 'The 'verbification' of mathematics: using the grammatical structures of Mi'kmaq to support student learning', *For the Learning of Mathematics,* 31(3), 8–13.
- Lyons I., Beilock S. (2013).'Ordinality and the nature of symbolic numbers', *Journal of Neuroscience*, 33(43):17052–61.
- McGuire, J. & Evans, K. (2018).'Finding a need for measurement:The case of the alien's underpants', *Mathematics Teaching*, 261, 36–40.
- National Film Board of Canada. (1961). *Mathematics AtYour Fingertips clip 1 of 3.*
- www.youtube.com/watch?v=ae0McT5WYa8
- O'Neil, C. (2016). *Weapons of math destruction: How big data increases inequality and threatens democracy.* London: Penguin.（キャシー・オイニール著 久保尚子訳(2018)『あなたを支配し、社会を破壊する、AI・ビッグデータの罠』インターシフト）

◎Ormesher, C. (2021). Slow pedagogies. *Mathematics Teaching*, 276, 22–24.
◎Papert, S. (1980). *Mindstorms: Children, computers and powerful ideas*. London: Basic Books.（シーモア・パパート 著，奥村貴世子 訳(1995)『マインドストーム―子供、コンピューター、そして強力なアイデア』, 未来社）
◎Picker, S. H., & Berry, J. S. (2000).'Investigating pupils' images of mathematicians', *Educational Studies in Mathematics*, 43(1), 65–94.
◎Renert, M. (2011).'Mathematics for life: Sustainable mathematics education', *For the Learning of Mathematics*, 31(1), 20–26.
◎Su, F. (2020). *Mathematics for human flourishing*. New Haven:Yale University Press.（フランシス・スー著、徳田功訳(2024)『数学が人生を豊かにする　塀の中の青年と心優しき数学者の往復書簡』日本評論社）
◎Walkerdine,V. (1990). 'Difference, cognition and mathematics education', For the Learning of Mathematics, 10(3), 51–56.
◎Watson, A. (2021). *Care in mathematics education: Alternative educational spaces and practices*. London: Palgrave Macmillan.
◎Wheeler, D. (2001).'Mathematisation as a Pedagogical Tool', *For the Learning of Mathematics*, 21(2), 50–53. http://www.jstor.org/stable/40248362
◎Wilensky, U. (1991). 'Abstract meditations on the concrete and concreteimplications for mathematics education', in I. Harel & S. Papert (eds.).*Constructionism*. New York: Ablex Publishing Corporation, pp. 193–204.
◎Zalasiewicz, J. (2010). *The planet in a pebble: A journey into Earth's deep history*. Oxford: Oxford University Press.

アルフ・コールズ | *Alf Coles*
ブリストル大学教育学部の数学教育学教授。数学教師、数学主任、副校長として15年間中等学校に勤務。教員養成の方法論や教室における創造的活動などを研究している。

ナタリー・シンクレア | *Nathalie Sinclair*
カナダのバンクーバーにあるサイモン・フレーザー大学教育学部教授。数学的思考と学習における身体化された認知や、数学における美的意識の役割について研究している。

永山香織 | *Kaori Nagayama*
開智国際大学教育学部准教授。専門は数学教育。国公立小学校での教諭を17年間務めたのち現職。児童の問題解決力を育む算数の授業に関する研究などに取り組んでいる。

数学(すうがく)はそんなものじゃない!

数学ぎらいを生む5つの思い込みから自由になる

2025年1月25日　初版

著者　アルフ・コールズ+ナタリー・シンクレア
訳者　永山香織
発行者　株式会社晶文社
東京都千代田区神田神保町1-11
〒101-0051
電話（03）3518-4940［代表］・4942［編集］
URL　https://www.shobunsha.co.jp
印刷・製本　中央精版印刷株式会社

ISBN978-4-7949-7459-4　Printed in Japan